JN085526

教科書ガイド

中学数学 **2**年

日本文教出版 版　完全準拠

編集発行

日本教育研究センター

この本の使い方

■ **この本のねらい**　このガイドは，日本文教出版発行の「中学数学」教科書の内容に
ぴったりと合わせて編集しています。教科書を徹底して理解するた
めに，教科書に出ている問題を１題１題わかりやすく解説してい
ます。そのため，

(1) 数学の予習・復習（日常の学習）が効果的にできる。

(2) 数学の基礎学力がつき，重要なことがらがよく理解できる。
ように考えてつくられています。

　ガイドを活用して楽しく学習し，学力アップをめざしましょう。

■ **この本の展開**　教科書の展開に合わせ，『基本事項ノート』➡『問題解説』の順に
くり返しています。

『基本事項ノート』　学習する内容の基本事項とその例や注意事項などを簡潔にまとめ
て解説しています。また，大切なことや，覚えていないとつまずき
の原因となることもまとめています。

『問題解説』　学習のまとめやテストの前にも活用してください。

　教科書の問題を 考え方 → ▶解答 の順に，くわしく解説しています。
❗注 では，▶解答 の中で，まちがいやすい点について説明してい
ます。

■ **効果的な使い方**　次の手順で，教科書の問題をマスターしてください。

(1) 教科書の問題を解くとき，最初はガイドをみないで，まず，自
分の力で解いてみましょう。そして，ガイドの ▶解答 と自分の解
答と合わせてみましょう。自分の解答がまちがっていたら，自分
の解き方のどこが，なぜまちがっていたのかを考えるようにしま
しょう。

(2) 問題解決の糸口がつかめないときは，考え方 をみて解き方のヒ
ントを知り，あらためて自分の力で解いてみましょう。それでも
できないときは，▶解答 をみて，そのままかきうつすのではなく，
その解き方を自分で理解することがたいせつです。理解さえすれ
ば，その次は，かならず自分の力で解けるようになります。

目　次

❯ 次の章を学ぶ前に

> **1**   (1)〜(3)の1次式について，1次の項とその係数を，例にならって表にかき入れましょう。

考え方 0でない数と1つの文字の積で表される項が1次の項である。1次の項で，数の部分がその文字の係数である。

▶解答

1次式	1次の項	1次の項の係数
例 $4x-5$	$4x$	4
(1) $3x-4$	$3x$	3
(2) $-5a$	$-5a$	-5
(3) $-9+b$	b	1

> **2**   次の計算で，□にあてはまる数をかき入れましょう。

▶解答

(1) $7x+2-5x+1$
    $=7x-5x+2+1$
    $=\boxed{2}\,x+\boxed{3}$

(2) $4y\times6$
    $=4\times y\times6$
    $=4\times\boxed{6}\times y$
    $=\boxed{24}\,y$

(3) $2(4x+3)$
    $=2\times4x+\boxed{2}\times3$
    $=\boxed{8}\,x+\boxed{6}$

(4) $8y\div\dfrac{4}{3}$
    $=8\times y\times\dfrac{\boxed{3}}{\boxed{4}}$
    $=8\times\dfrac{\boxed{3}}{\boxed{4}}\times y$
    $=\boxed{6}\,y$

> **3** $x=3$のとき，次の式の値をそれぞれ求めましょう。
> (1) $3x+5$ (2) $-2x+10$ (3) x^2 (4) $-x^2$

▶解答

(1) $3x+5$
   $=3\times3+5$
   $=9+5$
   $=\mathbf{14}$

(2) $-2x+10$
   $=-2\times3+10$
   $=-6+10$
   $=\mathbf{4}$

(3) x^2
   $=3^2$
   $=3\times3$
   $=\mathbf{9}$

(4) $-x^2$
   $=-3^2$
   $=(-1)\times3\times3$
   $=\mathbf{-9}$

式の計算

この章について

これまでに，数の四則計算(加法，減法，乗法，除法)について学習してきました。ここでは，文字式についての四則計算が自由自在にできるように学習をします。これまでに学んできた数の計算と比較しながら，文字式の特徴をつかんでいくようにすると理解しやすいでしょう。文字式の計算は，これからの数学学習においての土台となる重要な部分です。文字式を利用することの良さについても，十分に理解することが大切です。

1 節　文字式の計算

1　単項式と多項式

基本事項ノート

→ 単項式

数や文字についての乗法だけでできている式を単項式という。

かけ合わされた文字の個数を，その単項式の次数という。

例）　$2ab^2 = 2 \times a \times b \times b$ で，3次の単項式

🔴注　aや-3のような1つの文字，1つの数も単項式である。

→ 多項式

2つ以上の単項式の和の形で表される式を多項式という。つまり多項式は2つ以上の単項式の集まりである。多項式に含まれるそれぞれの単項式を，多項式の項という。

多項式では，各項の次数のうちで最も大きいものを，その多項式の次数という。

例）　$4x^2 + 5x - 3$は，3つの単項式，$4x^2$，$5x$，-3の和の形である。$4x^2$，$5x$，-3をそれぞれ，この多項式の項という。

各項の次数は順に，2次，1次，0次であり，このうち最も大きいものは2次だから，多項式$4x^2 + 5x - 3$は2次式である。

問1　次の多項式の項を答えなさい。
(1)　$2x + 5$　　(2)　$3a - 2b$　　(3)　$x^2 + \dfrac{1}{2}x - 3$　　(4)　$-4x^2y - 3x + 4y$

▶解答　(1)　**$2x$，5**　　(2)　**$3a$，$-2b$**　　(3)　**x^2，$\dfrac{1}{2}x$，-3**　　(4)　**$-4x^2y$，$-3x$，$4y$**

🔴注　正の項の符号＋は省かなくてもよい。

問2　次の単項式の係数と次数を答えなさい。
(1)　$-3x$　　(2)　a　　(3)　$5xy^2$　　(4)　$-a^2$　　(5)　$\dfrac{1}{3}abc$　　(6)　$\dfrac{xy}{2}$

考え方　単項式の数の部分を係数という。かけ合わされた文字の個数を次数という。

▶解答　(1)　係数…**−3**，次数…**1**　　(2)　係数…**1**，　次数…**1**　　(3)　係数…**5**，　次数…**3**

(4)　係数…**−1**，次数…**2**　　(5)　係数…$\dfrac{1}{3}$，次数…**3**　　(6)　係数…$\dfrac{1}{2}$，次数…**2**

問3　次の式は何次式ですか。

(1)　$x+2y$　　　　(2)　a^2-a+3　　　　(3)　$-8x^3$

(4)　$1-a$　　　　(5)　$\dfrac{4}{5}b-3c$　　　(6)　$x-y^2+2xy^2$

考え方　次数の最も大きい項に目をつける。

▶解答　(1)　**1次式**　　(2)　**2次式**　　(3)　**3次式**　　(4)　**1次式**　　(5)　**1次式**　　(6)　**3次式**

2　同類項

基本事項ノート

→同類項

　多項式で，文字の部分がまったく同じである項を同類項という。

　同類項は，分配法則を使って，1つの項にまとめることができる。

例　$3a+2ab-a+3ab$ という多項式では，$3a$ と $-a$，$+2ab$ と $+3ab$ がそれぞれ同類項であり，これらを1つにまとめると次のようになる。

$3a+2ab-a+3ab=(3-1)a+(2+3)ab=2a+5ab$

注　$(-1)ab$ は $-ab$ とかく。

$-\dfrac{a^2}{3}=-\dfrac{1}{3}\times a^2$ であるから，係数は $-\dfrac{1}{3}$ である。

Q　$7x+3-4x-2$ の計算をしましょう。また，

$7x+3y-4x-2y$ の計算のしかたを考えましょう。

▶解答　$7x+3-4x-2=\boldsymbol{3x+1}$，　$7x+3y-4x-2y=\boldsymbol{3x+y}$

問1　次の多項式で同類項を答えなさい。

(1)　$9x-y+6x+4y$　　　　　　　(2)　$2ab-3a+4ab-5a$

考え方　文字の部分がまったく同じ項を見つける。

▶解答　(1)　$\boldsymbol{9x}$ と $\boldsymbol{+6x}$，　$\boldsymbol{-y}$ と $\boldsymbol{+4y}$　　(2)　$\boldsymbol{2ab}$ と $\boldsymbol{+4ab}$，　$\boldsymbol{-3a}$ と $\boldsymbol{-5a}$

注　正の項の符号 + は省いてもよい。

問2　次の式の同類項をまとめなさい。

(1)　$5x^2-8x^2$　　　　　　　　　(2)　$3ab+2ab$

(3)　$-6a+5b-3a-4b$　　　　　　(4)　$-5y^2-3y+6y^2-y$

(5)　$3x^2-4x+2x^2$　　　　　　　(6)　$2xy+3xy-x+y$

▶解答　(1)　$-3x^2$　　　(2)　$5ab$　　　　(3)　$-9a+b$　　　(4)　y^2-4y

(5)　$5x^2-4x$　　(6)　$5xy-x+y$

チャレンジ　$\dfrac{1}{3}a+\dfrac{4}{3}a-a$

▶解答　$\dfrac{1}{3}a+\dfrac{4}{3}a-a=\left(\dfrac{1}{3}+\dfrac{4}{3}-1\right)a=\dfrac{1+4-3}{3}a=\dfrac{2}{3}\boldsymbol{a}$

補充問題1　次の計算をしなさい。（教科書P.214）

(1)　$5a+8b+3a+2b$　　　　　　　(2)　$x+7y-3x-9y$

(3)　$-2x^2+5x-6x+8x^2$　　　　(4)　$3a^2-6ab-5a^2+3ab$

▶解答　(1)　$5a+8b+3a+2b=5a+3a+8b+2b=(5+3)a+(8+2)b=\boldsymbol{8a+10b}$

(2)　$x+7y-3x-9y=x-3x+7y-9y=(1-3)x+(7-9)y=\boldsymbol{-2x-2y}$

(3)　$-2x^2+5x-6x+8x^2=-2x^2+8x^2+5x-6x=(-2+8)x^2+(5-6)x=\boldsymbol{6x^2-x}$

(4)　$3a^2-6ab-5a^2+3ab=3a^2-5a^2-6ab+3ab=(3-5)a^2+(-6+3)ab=\boldsymbol{-2a^2-3ab}$

3　多項式の加法と減法

基本事項ノート

→多項式の加法

同類項を1つにまとめて簡単にする。

例）　$2a+b$ と $3a-5b$ の和　　　$(2a+b)+(3a-5b)=2a+b+3a-5b=5a-4b$

！注　同類項どうしを縦にそろえて計算してもよい。

→多項式の減法

ひく方の式のすべての項の符号を変えて加える。

$$\begin{array}{r}2a+\ b\\ +)\ 3a-5b\\ \hline 5a-4b\end{array}$$

例）　$2a+b$ から $3a-5b$ をひく　　　$(2a+b)-(3a-5b)=2a+b-3a+5b=-a+6b$

Q　$(4x+3)+(2x-5)$ の計算をしましょう。また、

$(4x+3y)+(2x-5y)$ の計算のしかたを考えましょう。

▶解答　$(4x+3)+(2x-5)=4x+3+2x-5=4x+2x+3-5=\boldsymbol{6x-2}$

$(4x+3y)+(2x-5y)=4x+3y+2x-5y=4x+2x+3y-5y=\boldsymbol{6x-2y}$

問1　次の2つの多項式をたしなさい。

(1)　$2x+3y$　　　$3x+4y$　　　　(2)　$a+7b$　　　$8a-5b$

(3)　$-4x+6y$　　$5x-y$　　　　(4)　$2a-3b$　　　$-3a-2b$

▶解答　(1)　$(2x+3y)+(3x+4y)$　　　　(2)　$(a+7b)+(8a-5b)$

$=2x+3y+3x+4y$　　　　　　　　$=a+7b+8a-5b$

$=2x+3x+3y+4y$　　　　　　　　$=a+8a+7b-5b$

$=(2+3)x+(3+4)y$　　　　　　　$=(1+8)a+(7-5)b$

$=\boldsymbol{5x+7y}$　　　　　　　　　　　$=\boldsymbol{9a+2b}$

(3) $(-4x+6y)+(5x-y)$
$=-4x+6y+5x-y$
$=-4x+5x+6y-y$
$=(-4+5)x+(6-1)y$
$=\boldsymbol{x+5y}$

(4) $(2a-3b)+(-3a-2b)$
$=2a-3b-3a-2b$
$=2a-3a-3b-2b$
$=(2-3)a+(-3-2)b$
$=\boldsymbol{-a-5b}$

問2 次の計算をしなさい。

(1) $(2x+y)+(x+3y)$

(2) $(3a+4b+2)+(3a-5b-3)$

(3) $(6x^2-3x+2)+(-2x^2+4x+3)$

(4) $(5a^2+7ab-3b^2)+(-a^2-7ab+6b^2)$

(5) $\quad\quad 2x-3y+5$
$\underline{+)\quad -3x+5y+3}$

(6) $\quad\quad -x^2+5x-8$
$\underline{+)\quad 2x^2-4x-6}$

▶解答

(1) $(2x+y)+(x+3y)$
$=2x+y+x+3y$
$=2x+x+y+3y$
$=\boldsymbol{3x+4y}$

(2) $(3a+4b+2)+(3a-5b-3)$
$=3a+4b+2+3a-5b-3$
$=3a+3a+4b-5b+2-3$
$=\boldsymbol{6a-b-1}$

(3) $(6x^2-3x+2)+(-2x^2+4x+3)$
$=6x^2-3x+2-2x^2+4x+3$
$=6x^2-2x^2-3x+4x+2+3$
$=\boldsymbol{4x^2+x+5}$

(4) $(5a^2+7ab-3b^2)+(-a^2-7ab+6b^2)$
$=5a^2+7ab-3b^2-a^2-7ab+6b^2$
$=5a^2-a^2+7ab-7ab-3b^2+6b^2$
$=\boldsymbol{4a^2+3b^2}$

(5) $\quad\quad 2x-3y+5$
$\underline{+)\quad -3x+5y+3}$
$\quad\quad \boldsymbol{-x+2y+8}$

(6) $\quad\quad -x^2+5x-\ 8$
$\underline{+)\quad 2x^2-4x-\ 6}$
$\quad\quad \boldsymbol{x^2+\ x-14}$

問3 次の2つの多項式で，左の式から右の式をひきなさい。

(1) $8x+7y \quad\quad 5x+2y$

(2) $6a+3b \quad\quad 4a-5b$

(3) $4a-6b \quad\quad 7a-3b$

(4) $2x^2-3y \quad\quad -7x^2+y$

考え方 ひく式のすべての項の符号を変えてかっこをはずし，加える。

▶解答

(1) $(8x+7y)-(5x+2y)$
$=8x+7y-5x-2y$
$=8x-5x+7y-2y$
$=\boldsymbol{3x+5y}$

(2) $(6a+3b)-(4a-5b)$
$=6a+3b-4a+5b$
$=6a-4a+3b+5b$
$=\boldsymbol{2a+8b}$

(3) $(4a-6b)-(7a-3b)$
$=4a-6b-7a+3b$
$=4a-7a-6b+3b$
$=\boldsymbol{-3a-3b}$

(4) $(2x^2-3y)-(-7x^2+y)$
$=2x^2-3y+7x^2-y$
$=2x^2+7x^2-3y-y$
$=\boldsymbol{9x^2-4y}$

問4 次の計算をしなさい。

(1) $(6x-y)-(2x+y)$

(2) $(-3a+2b)-(-a-3b)$

(3) $(x^2+3x+4)-(3x^2-2x+5)$

(4) $(-a^2-3)-(5a^2-2a-3)$

(5)　　$5x+2y+2$
　　$-)\ 2x+3y+5$

(6)　　$7x^2-\ x-3$
　　$-)\ -2x^2+5x-6$

▶**解答**

(1) $(6x-y)-(2x+y)$
　$=6x-y-2x-y$
　$=6x-2x-y-y$
　$=\boldsymbol{4x-2y}$

(2) $(-3a+2b)-(-a-3b)$
　$=-3a+2b+a+3b$
　$=-3a+a+2b+3b$
　$=\boldsymbol{-2a+5b}$

(3) $(x^2+3x+4)-(3x^2-2x+5)$
　$=x^2+3x+4-3x^2+2x-5$
　$=\boldsymbol{-2x^2+5x-1}$

(4) $(-a^2-3)-(5a^2-2a-3)$
　$=-a^2-3-5a^2+2a+3$
　$=\boldsymbol{-6a^2+2a}$

(5)　　$5x+2y+2$
　　$-)\ 2x+3y+5$
　　$\boldsymbol{3x-\ y-3}$

(6)　　$7x^2-\ x-3$
　　$-)\ -2x^2+5x-6$
　　$\boldsymbol{9x^2-6x+3}$

まちがえやすい問題

右の計算はまちがっています。まちがっているところを見つけなさい。また正しい計算をしなさい。

✖まちがいの例

$(7x+5y)-(3x-2y)$
$=7x+5y-3x-2y$
$=7x-3x+5y-2y$
$=4x+3y$

考え方 多項式の減法では，ひく方の式のすべての項の符号を変えて加える。

▶**解答** （まちがっているところ）

$-(3x-2y)$ の計算を $-3x+2y$ とするべきなのに $-3x-2y$ としている。

（正しい計算）

　$(7x+5y)-(3x-2y)$
$=7x+5y-3x+2y$
$=7x-3x+5y+2y$
$=\boldsymbol{4x+7y}$

補充問題2 次の計算をしなさい。（教科書P.214）

(1) $(6x+7y)+(3x+y)$

(2) $(a+8b)+(9a-2b)$

(3) $(3x^2-2)+(-x^2-2x+3)$

(4) $(5x-y)-(2x+3y)$

(5) $(4a-2b)-(6a-5b)$

(6) $(a^2+2ab+b^2)-(-5a^2+ab-b^2)$

▶**解答**

(1) $(6x+7y)+(3x+y)$
　$=6x+7y+3x+y$
　$=\boldsymbol{9x+8y}$

(2) $(a+8b)+(9a-2b)$
　$=a+8b+9a-2b$
　$=\boldsymbol{10a+6b}$

(3) $(3x^2-2)+(-x^2-2x+3)$
  $=3x^2-2-x^2-2x+3$
  $\boldsymbol{=2x^2-2x+1}$

(4) $(5x-y)-(2x+3y)$
  $=5x-y-2x-3y$
  $\boldsymbol{=3x-4y}$

(5) $(4a-2b)-(6a-5b)$
  $=4a-2b-6a+5b$
  $\boldsymbol{=-2a+3b}$

(6) $(a^2+2ab+b^2)-(-5a^2+ab-b^2)$
  $=a^2+2ab+b^2+5a^2-ab+b^2$
  $\boldsymbol{=6a^2+ab+2b^2}$

4 いろいろな多項式の計算

基本事項ノート

➡ (数)×(多項式)，(多項式)×(数)

分配法則を使って計算する。

例 $5(3a+b)=5\times 3a+5\times b=15a+5b$

➡ (多項式)÷(数)

わる数の逆数をかける。

例 $(6a^2+4b)\div 2=(6a^2+4b)\times\dfrac{1}{2}=6a^2\times\dfrac{1}{2}+4b\times\dfrac{1}{2}=3a^2+2b$

▶別解 $(6a^2+4b)\div 2=\dfrac{6a^2+4b}{2}=\dfrac{6a^2}{2}+\dfrac{4b}{2}=3a^2+2b$

➡ かっこを使った多項式の計算

分配法則を使ってかっこをはずし，同類項をまとめる。

例 $2(2x-3y)-(x+4y)=4x-6y-x-4y=3x-10y$

➡ 分数をふくむ多項式の計算

通分してから，分配法則を使ってかっこをはずし，同類項をまとめる。

例 $\dfrac{x-2y}{3}-\dfrac{3x-y}{2}=\dfrac{2(x-2y)}{6}-\dfrac{3(3x-y)}{6}=\dfrac{2(x-2y)-3(3x-y)}{6}$

$=\dfrac{2x-4y-9x+3y}{6}=\dfrac{-7x-y}{6}$

▶別解 $\dfrac{x-2y}{3}-\dfrac{3x-y}{2}=\dfrac{1}{3}(x-2y)-\dfrac{1}{2}(3x-y)=\dfrac{1}{3}x-\dfrac{2}{3}y-\dfrac{3}{2}x+\dfrac{1}{2}y$

$=\dfrac{2}{6}x-\dfrac{4}{6}y-\dfrac{9}{6}x+\dfrac{3}{6}y=-\dfrac{7}{6}x-\dfrac{1}{6}y$

❶注 $\dfrac{-7x-y}{6}$ と $-\dfrac{7}{6}x-\dfrac{1}{6}y$ は等しい。

Q 右の図のような長方形の面積を2通りの式で表してみましょう。

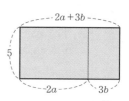

▶解答 縦5，横$(2a+3b)$の長方形と考えて，$\boldsymbol{5\times(2a+3b)}$

2つの長方形の和と考えて，$\boldsymbol{5\times 2a+5\times 3b}$

$5\times(2a+3b)=10a+15b$

$5\times 2a+5\times 3b=10a+15b$　より

文字式でも分配法則が成り立つ。

> **問1** 次の計算をしなさい。
> (1) $4(5x+2y)$　　　　　　　(2) $(-3a+b)\times(-5)$
>
> (3) $\dfrac{1}{7}(-14x-28y)$　　　　(4) $3(x^2+4x-2)$

考え方 分配法則を使って，かっこをはずす。

▶解答

(1) $4(5x+2y)$
$=4\times5x+4\times2y$
$=\boldsymbol{20x+8y}$

(2) $(-3a+b)\times(-5)$
$=-3a\times(-5)+b\times(-5)$
$=\boldsymbol{15a-5b}$

(3) $\dfrac{1}{7}(-14x-28y)$
$=\dfrac{1}{7}\times(-14x)+\dfrac{1}{7}\times(-28y)$
$=\boldsymbol{-2x-4y}$

(4) $3(x^2+4x-2)$
$=3\times x^2+3\times4x-3\times2$
$=\boldsymbol{3x^2+12x-6}$

> **問2** 次の計算をしなさい。
> (1) $(16a+8b)\div8$　　　　　(2) $(-6a+4b)\div(-2)$
>
> (3) $(4x+2y)\div\dfrac{1}{3}$　　　　(4) $(3x-9y-6)\div(-3)$

考え方 わる数の逆数をかける乗法になおす。

▶解答

(1) $(16a+8b)\div8$
$=(16a+8b)\times\dfrac{1}{8}$
$=16a\times\dfrac{1}{8}+8b\times\dfrac{1}{8}$
$=\boldsymbol{2a+b}$

(2) $(-6a+4b)\div(-2)$
$=(-6a+4b)\times\left(-\dfrac{1}{2}\right)$
$=(-6a)\times\left(-\dfrac{1}{2}\right)+4b\times\left(-\dfrac{1}{2}\right)$
$=\boldsymbol{3a-2b}$

(3) $(4x+2y)\div\dfrac{1}{3}$
$=(4x+2y)\times3$
$=4x\times3+2y\times3$
$=\boldsymbol{12x+6y}$

(4) $(3x-9y-6)\div(-3)$
$=(3x-9y-6)\times\left(-\dfrac{1}{3}\right)$
$=3x\times\left(-\dfrac{1}{3}\right)-9y\times\left(-\dfrac{1}{3}\right)-6\times\left(-\dfrac{1}{3}\right)$
$=\boldsymbol{-x+3y+2}$

> **チャレンジ** $\left(\dfrac{7}{2}x-\dfrac{7}{4}y\right)\div\left(-\dfrac{7}{4}\right)$

▶解答

$\left(\dfrac{7}{2}x-\dfrac{7}{4}y\right)\div\left(-\dfrac{7}{4}\right)=\left(\dfrac{7}{2}x-\dfrac{7}{4}y\right)\times\left(-\dfrac{4}{7}\right)$
$=\dfrac{7}{2}x\times\left(-\dfrac{4}{7}\right)-\dfrac{7}{4}y\times\left(-\dfrac{4}{7}\right)$
$=\boldsymbol{-2x+y}$

| 問3 | 次の計算をしなさい。 |

(1)　$3(a-2b)+(a+4b)$　　　　　　(2)　$2(3x-y)-(x+3y)$

(3)　$6(a-3b)-5(3a-2b)$　　　　　(4)　$2(x+2y-1)+3(4x-2y+7)$

考え方　かっこををはずしてから，同類項をまとめる。

▶解答

(1)　$3(a-2b)+(a+4b)$

　　$=3a-6b+a+4b$

　　$\boldsymbol{=4a-2b}$

(2)　$2(3x-y)-(x+3y)$

　　$=6x-2y-x-3y$

　　$\boldsymbol{=5x-5y}$

(3)　$6(a-3b)-5(3a-2b)$

　　$=6a-18b-15a+10b$

　　$\boldsymbol{=-9a-8b}$

(4)　$2(x+2y-1)+3(4x-2y+7)$

　　$=2x+4y-2+12x-6y+21$

　　$\boldsymbol{=14x-2y+19}$

| 問4 | 次の計算をしなさい。 |

(1)　$\dfrac{x}{3}+\dfrac{x+3y}{4}$　　　　　　(2)　$\dfrac{3a-b}{2}-\dfrac{5a-b}{6}$

考え方　通分してからかっこをはずし，同類項をまとめる。

▶解答

(1)　$\dfrac{x}{3}+\dfrac{x+3y}{4}$

　　$=\dfrac{4x+3(x+3y)}{12}$

　　$=\dfrac{4x+3x+9y}{12}$

　　$\boldsymbol{=\dfrac{7x+9y}{12}}$

(2)　$\dfrac{3a-b}{2}-\dfrac{5a-b}{6}$

　　$=\dfrac{3(3a-b)-(5a-b)}{6}$

　　$=\dfrac{9a-3b-5a+b}{6}$

　　$=\dfrac{4a-2b}{6}$

　　$\boldsymbol{=\dfrac{2a-b}{3}}$

▶別解

(1)　$\dfrac{x}{3}+\dfrac{x+3y}{4}$

　　$=\dfrac{1}{3}x+\dfrac{1}{4}(x+3y)$

　　$=\dfrac{1}{3}x+\dfrac{1}{4}x+\dfrac{3}{4}y$

　　$=\dfrac{4}{12}x+\dfrac{3}{12}x+\dfrac{3}{4}y$

　　$\boldsymbol{=\dfrac{7}{12}x+\dfrac{3}{4}y}$

(2)　$\dfrac{3a-b}{2}-\dfrac{5a-b}{6}$

　　$=\dfrac{1}{2}(3a-b)-\dfrac{1}{6}(5a-b)$

　　$=\dfrac{3}{2}a-\dfrac{1}{2}b-\dfrac{5}{6}a+\dfrac{1}{6}b$

　　$=\dfrac{9}{6}a-\dfrac{3}{6}b-\dfrac{5}{6}a+\dfrac{1}{6}b$

　　$=\dfrac{4}{6}a-\dfrac{2}{6}b$

　　$\boldsymbol{=\dfrac{2}{3}a-\dfrac{1}{3}b}$

補充問題3　次の計算をしなさい。（教科書P.214）

(1) $-7(3x+2y)$

(2) $(10a-15b)\div 5$

(3) $2(x-2y)+3(x+2y)$

(4) $4(x-3y)-3(2x-7y)$

(5) $\dfrac{x+y}{5}+\dfrac{x-y}{4}$

(6) $\dfrac{5a-b}{6}-\dfrac{2a-b}{3}$

▶解答

(1) $-7(3x+2y)$

　$=-7\times 3x+(-7)\times 2y$

　$\boldsymbol{=-21x-14y}$

(2) $(10a-15b)\div 5$

　$=(10a-15b)\times \dfrac{1}{5}$

　$=10a\times \dfrac{1}{5}-15b\times \dfrac{1}{5}$

　$\boldsymbol{=2a-3b}$

(3) $2(x-2y)+3(x+2y)$

　$=2x-4y+3x+6y$

　$\boldsymbol{=5x+2y}$

(4) $4(x-3y)-3(2x-7y)$

　$=4x-12y-6x+21y$

　$\boldsymbol{=-2x+9y}$

(5) $\dfrac{x+y}{5}+\dfrac{x-y}{4}$

　$=\dfrac{4(x+y)+5(x-y)}{20}$

　$=\dfrac{4x+4y+5x-5y}{20}$

　$\boldsymbol{=\dfrac{9x-y}{20}}$

(6) $\dfrac{5a-b}{6}-\dfrac{2a-b}{3}$

　$=\dfrac{5a-b-2(2a-b)}{6}$

　$=\dfrac{5a-b-4a+2b}{6}$

　$\boldsymbol{=\dfrac{a+b}{6}}$

❗注

(5)は $\dfrac{9}{20}x-\dfrac{1}{20}y$,

(6)は $\dfrac{1}{6}a+\dfrac{1}{6}b$

とかいてもよい。

5　単項式の乗法と除法

基本事項ノート

➡単項式の乗法

　係数どうしの積と文字どうしの積をそれぞれ求め，それらをかけ合わせる。

例）$2ab\times 3b=2\times a\times b\times 3\times b=2\times 3\times a\times b\times b=6ab^2$

❗注　同じ文字の積は，かならず累乗の形にまとめる。

➡単項式の除法

　単項式でわるには，その式の逆数をかける。つまり除法を乗法になおして計算する。

例）$8a^3\div 4a=8a^3\times \dfrac{1}{4a}=\dfrac{8a^3}{4a}=2a^2$

　$2xy^2\div \dfrac{2}{3}xy=2xy^2\div \dfrac{2xy}{3}=2xy^2\times \dfrac{3}{2xy}=\dfrac{6xy^2}{2xy}=3y$

❗注　$\dfrac{2}{3}xy=\dfrac{2xy}{3}$ であるから，$\dfrac{2}{3}xy$ の逆数は $\dfrac{3}{2xy}$ となる。

縦$3a$，横$4b$の長方形の面積は，縦a，横bの長方形の面積の何倍ですか。

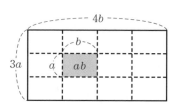

▶解答　縦a，横bの長方形の面積は，ab

縦$3a$，横$4b$の長方形の面積は，$3a×4b=12ab$

したがって，$12ab÷ab=12(倍)$

答　**12倍**

問1 次の計算をしなさい。

(1) $2x×3y$ 　　　　(2) $a×(-5b)$ 　　　　(3) $(-6x)×2y$

(4) $(-3m)×(-7n)$ 　　(5) $\dfrac{1}{2}a×\dfrac{2}{3}b$ 　　(6) $\dfrac{1}{4}x×(-8y)$

考え方 係数どうしの積と文字どうしの積をそれぞれ求め，それらをかけ合わせる。

▶解答
(1) $2x×3y=2×x×3×y=2×3×x×y=6×xy=\boldsymbol{6xy}$

(2) $a×(-5b)=a×(-5)×b=(-5)×a×b=(-5)×ab=\boldsymbol{-5ab}$

(3) $(-6x)×2y=(-6)×x×2×y=(-6)×2×x×y=(-12)×xy=\boldsymbol{-12xy}$

(4) $(-3m)×(-7n)=(-3)×m×(-7)×n=21×mn=\boldsymbol{21mn}$

(5) $\dfrac{1}{2}a×\dfrac{2}{3}b=\dfrac{1}{2}×a×\dfrac{2}{3}×b=\dfrac{1}{2}×\dfrac{2}{3}×a×b=\dfrac{1}{3}×ab=\boldsymbol{\dfrac{1}{3}ab}$

(6) $\dfrac{1}{4}x×(-8y)=\dfrac{1}{4}×x×(-8)×y=\dfrac{1}{4}×(-8)×x×y=-2×xy=\boldsymbol{-2xy}$

チャレンジ1 (1) $4a×bc$ 　　　　　　　　(2) $3y×\dfrac{5}{6}x$

▶解答
(1) $4a×bc$
$=4×a×b×c$
$=\boldsymbol{4abc}$

(2) $3y×\dfrac{5}{6}x$
$=3×\dfrac{5}{6}×y×x$
$=\boldsymbol{\dfrac{5}{2}xy}$

問2 次の計算をしなさい。

(1) $a^2×2a$ 　　(2) $4x×(-7x)$ 　　(3) $(-x)×x$ 　　(4) $(-5a)×(-3a^2)$

▶解答　同じ文字の積は，累乗の形にまとめる。

(1) $a^2×2a=(a×a)×(2×a)=2×a×a×a=\boldsymbol{2a^3}$

(2) $4x×(-7x)=(4×x)×(-7×x)=4×(-7)×x×x=\boldsymbol{-28x^2}$

(3) $(-x)×x=(-1×x)×x=(-1)×x×x=\boldsymbol{-x^2}$

(4) $(-5a)×(-3a^2)=(-5×a)×(-3×a×a)=(-5)×(-3)×a×a×a=\boldsymbol{15a^3}$

問3 次の計算をしなさい。

(1) $2x \times 5xy$　　(2) $2b \times (-4ab)$　　(3) $(-6xy) \times (-x)$　　(4) $(-7a)^2$

(5) $(-2y)^3$　　(6) $2a \times (3b)^2$　　(7) $(-9x) \times (-x)^2$　　(8) $(-5a)^2 \times \dfrac{1}{5}a$

▶解答

(1) $2x \times 5xy = 2 \times x \times 5 \times x \times y = 2 \times 5 \times x \times x \times y = \boldsymbol{10x^2y}$

(2) $2b \times (-4ab) = 2 \times b \times (-4) \times a \times b = 2 \times (-4) \times a \times b \times b = \boldsymbol{-8ab^2}$

(3) $(-6xy) \times (-x) = (-6) \times x \times y \times (-1) \times x = (-6) \times (-1) \times x \times x \times y = \boldsymbol{6x^2y}$

(4) $(-7a)^2 = (-7a) \times (-7a) = (-7) \times (-7) \times a \times a = \boldsymbol{49a^2}$

(5) $(-2y)^3 = (-2y) \times (-2y) \times (-2y) = (-2) \times (-2) \times (-2) \times y \times y \times y = \boldsymbol{-8y^3}$

(6) $2a \times (3b)^2 = 2 \times a \times (3 \times b \times 3 \times b) = 2 \times (3 \times 3) \times a \times (b \times b) = \boldsymbol{18ab^2}$

(7) $(-9x) \times (-x)^2 = (-9) \times x \times (-1) \times x \times (-1) \times x$
$\quad = (-9) \times (-1) \times (-1) \times x \times x \times x = \boldsymbol{-9x^3}$

(8) $(-5a)^2 \times \dfrac{1}{5}a = (-5) \times a \times (-5) \times a \times \dfrac{1}{5} \times a = (-5) \times (-5) \times \dfrac{1}{5} \times a \times a \times a = \boldsymbol{5a^3}$

チャレンジ2 (1) $(-4a) \times (-a^2)$　　　　(2) $3m \times \left(\dfrac{1}{3}n\right)^2$

▶解答

(1) $(-4a) \times (-a^2)$
$\quad = (-4) \times a \times (-1) \times a \times a$
$\quad = (-4) \times (-1) \times a \times a \times a$
$\quad = \boldsymbol{4a^3}$

(2) $3m \times \left(\dfrac{1}{3}n\right)^2$
$\quad = 3 \times m \times \dfrac{1}{3} \times n \times \dfrac{1}{3} \times n$
$\quad = 3 \times \dfrac{1}{3} \times \dfrac{1}{3} \times m \times n \times n$
$\quad = \boldsymbol{\dfrac{1}{3}mn^2}$

Q 面積が$18ab$ の長方形があります。
横の長さが$6b$ であるとき，この長方形の縦の長さ
を求める式は，どのように表されるでしょうか。

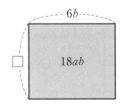

▶解答　$\square \times 6b = 18ab$ だから，$\square = 18ab \div 6b$ で求めることができる。

答　$\boldsymbol{18ab \div 6b}$

問4 次の計算をしなさい。

(1) $8ab \div 2a$　　　　(2) $(-6xy^2) \div 3xy^2$　　　　(3) $-5a^2 \div (-5a)$

(4) $\dfrac{8}{7}xy \div 2x$　　　　(5) $4ab^2 \div \dfrac{2}{5}b$　　　　(6) $\dfrac{4}{3}x^2y \div \left(-\dfrac{1}{3}xy\right)$

考え方　除法は，わる数の逆数をかける。約分すること。

▶解答

(1) $8ab \div 2a = 8ab \times \dfrac{1}{2a} = \dfrac{8ab}{2a} = \boldsymbol{4b}$

(2) $(-6xy^2) \div 3xy^2 = (-6xy^2) \times \dfrac{1}{3xy^2} = -\dfrac{6xy^2}{3xy^2} = \boldsymbol{-2}$

(3) $-5a^2 \div (-5a) = \dfrac{5a^2}{5a} = \boldsymbol{a}$

(4) $\dfrac{8}{7}xy \div 2x = \dfrac{8xy}{7} \times \dfrac{1}{2x} = \dfrac{8xy}{7 \times 2x} = \dfrac{4}{7}\boldsymbol{y}$

(5) $4ab^2 \div \dfrac{2}{5}b = 4ab^2 \times \dfrac{5}{2b} = \dfrac{4ab^2 \times 5}{2b} = \boldsymbol{10ab}$

(6) $\dfrac{4}{3}x^2y \div \left(-\dfrac{1}{3}xy\right) = \dfrac{4}{3}x^2y \times \left(-\dfrac{3}{xy}\right) = -\dfrac{4x^2y \times 3}{3 \times xy} = \boldsymbol{-4x}$

チャレンジ3　(1)　$-2m \div 6mn$　　　　　　　(2)　$\dfrac{3}{7}m^2 \div \dfrac{5}{3}mn$

▶解答　(1)　$-2m \div 6mn = -2m \times \dfrac{1}{6mn} = -\dfrac{2m}{6mn} = -\dfrac{1}{3n}$

(2)　$\dfrac{3}{7}m^2 \div \dfrac{5}{3}mn = \dfrac{3}{7}m^2 \times \dfrac{3}{5mn} = \dfrac{9m^2}{35mn} = \dfrac{9m}{35n}$

問5　次の計算をしなさい。

(1)　$6x \div 3y \times 2xy$　　　　　　(2)　$15ab \times (-b) \div (-5a)$

(3)　$4y \times (-xy) \times x$　　　　　(4)　$6ab^2 \div (-3b) \div a$

(5)　$(-2a^2) \times 3b \div 4ab$　　　　(6)　$10a^2x \div (-6ax^2) \times (-3x)$

▶解答

(1)　$6x \div 3y \times 2xy$
$= 6x \times \dfrac{1}{3y} \times 2xy$
$= \dfrac{6x \times 2xy}{3y}$
$= \boldsymbol{4x^2}$

(2)　$15ab \times (-b) \div (-5a)$
$= 15ab \times (-b) \times \left(-\dfrac{1}{5a}\right)$
$= \dfrac{15ab \times b}{5a}$
$= \boldsymbol{3b^2}$

(3)　$4y \times (-xy) \times x$
$= 4 \times (-1) \times y \times xy \times x$
$= \boldsymbol{-4x^2y^2}$

(4)　$6ab^2 \div (-3b) \div a$
$= 6ab^2 \times \left(-\dfrac{1}{3b}\right) \times \dfrac{1}{a}$
$= -\dfrac{6ab^2}{3b \times a}$
$= \boldsymbol{-2b}$

(5)　$(-2a^2) \times 3b \div 4ab$
$= (-2a^2) \times 3b \times \dfrac{1}{4ab}$
$= -\dfrac{2a^2 \times 3b}{4ab}$
$= \boldsymbol{-\dfrac{3}{2}a}$

(6)　$10a^2x \div (-6ax^2) \times (-3x)$
$= 10a^2x \times \left(-\dfrac{1}{6ax^2}\right) \times (-3x)$
$= \dfrac{10a^2x \times 3x}{6ax^2}$
$= \boldsymbol{5a}$

補充問題4 次の計算をしなさい。（教科書P.214）

(1) $5a \times (-3b)$ 　　　(2) $2x \times (-3x)^2$ 　　　(3) $12xy \div 3y$

(4) $9a^2b \div \dfrac{3}{4}ab$ 　　　(5) $x^2 \div (-2xy) \times 4y$ 　　　(6) $6ab \div 2a \div 3b$

▶解答

(1) $5a \times (-3b) = 5 \times a \times (-3) \times b = 5 \times (-3) \times a \times b = -15 \times ab = \boldsymbol{-15ab}$

(2) $2x \times (-3x)^2 = 2x \times (-3x) \times (-3x) = 2 \times 9 \times x \times x \times x = \boldsymbol{18x^3}$

(3) $12xy \div 3y = 12xy \times \dfrac{1}{3y} = \dfrac{12xy}{3y} = \boldsymbol{4x}$

(4) $9a^2b \div \dfrac{3}{4}ab = 9a^2b \div \dfrac{3ab}{4} = 9a^2b \times \dfrac{4}{3ab} = \dfrac{9a^2b \times 4}{3ab} = \boldsymbol{12a}$

(5) $x^2 \div (-2xy) \times 4y = x^2 \times \left(-\dfrac{1}{2xy}\right) \times 4y = -\dfrac{x^2 \times 4y}{2xy} = \boldsymbol{-2x}$

(6) $6ab \div 2a \div 3b = 6ab \times \dfrac{1}{2a} \times \dfrac{1}{3b} = \dfrac{6ab}{2a \times 3b} = \boldsymbol{1}$

6　式の値

基本事項ノート

　文字をふくむ式で，その文字の代わりに，数を代入して計算した結果を式の値という。

→文字が2つ以上ある式への代入

例 $x=5$，$y=-3$ のときの，$3x-2y$ の式の値は，式に x，y の値を代入して求める。

　　$3x-2y = 3 \times 5 - 2 \times (-3) = 15 + 6 = 21$

→同類項をまとめてから代入する。

　同類項をまとめてから代入すると，計算がしやすくなる場合がある。

例 $a=-3$，$b=4$ のときの，$5(a+2b)-(4a+9b)$ の式の値は，同類項をまとめて

　　$5(a+2b)-(4a+9b) = 5a+10b-4a-9b = a+b$，$a$，$b$ の値を代入して，$-3+4=1$

Q $x=4$，$y=-3$ のとき，次の式の値を求めましょう。

(1) $3x+2y$ 　　　(2) $x-5y$ 　　　(3) x^2+4y

(4) $-x-y^2$ 　　　(5) $\dfrac{1}{2}x - \dfrac{1}{3}y$ 　　　(6) $\dfrac{1}{6}xy$

▶解答

(1) $3x+2y = 3 \times 4 + 2 \times (-3) = 12 - 6 = \boldsymbol{6}$

(2) $x-5y = 4 - 5 \times (-3) = 4 + 15 = \boldsymbol{19}$

(3) $x^2+4y = 4^2 + 4 \times (-3) = 16 - 12 = \boldsymbol{4}$

(4) $-x-y^2 = -4 - (-3)^2 = -4 - 9 = \boldsymbol{-13}$

(5) $\dfrac{1}{2}x - \dfrac{1}{3}y = \dfrac{1}{2} \times 4 - \dfrac{1}{3} \times (-3) = 2 + 1 = \boldsymbol{3}$

(6) $\dfrac{1}{6}xy = \dfrac{1}{6} \times 4 \times (-3) = \boldsymbol{-2}$

問1　$a=-2$，$b=5$ のとき，次の式の値を求めなさい。

(1)　$5a+2b-3a+3b$　　　　　(2)　$(a^2-3b)+(4a^2+2b)$

(3)　$4(2a+3b)-5(a+2b)$　　　(4)　$2(3ab+2a)-(3a+6ab)$

(5)　$4ab^2÷2ab$　　　　　　(6)　$6a^2÷3ab×5b^2$

考え方　同類項をまとめてから代入すると，計算しやすくなる場合がある。

▶解答

(1)　$5a+2b-3a+3b$
$\quad=5a-3a+2b+3b$
$\quad=2a+5b$
$\quad=2×(-2)+5×5$
$\quad=\mathbf{21}$

(2)　$(a^2-3b)+(4a^2+2b)$
$\quad=a^2-3b+4a^2+2b$
$\quad=5a^2-b$
$\quad=5×(-2)^2-5$
$\quad=\mathbf{15}$

(3)　$4(2a+3b)-5(a+2b)$
$\quad=8a+12b-5a-10b$
$\quad=3a+2b$
$\quad=3×(-2)+2×5$
$\quad=\mathbf{4}$

(4)　$2(3ab+2a)-(3a+6ab)$
$\quad=6ab+4a-3a-6ab$
$\quad=a$
$\quad=\mathbf{-2}$

(5)　$4ab^2÷2ab$
$\quad=4ab^2×\dfrac{1}{2ab}$
$\quad=\dfrac{4ab^2}{2ab}$
$\quad=2b$
$\quad=2×5$
$\quad=\mathbf{10}$

(6)　$6a^2÷3ab×5b^2$
$\quad=6a^2×\dfrac{1}{3ab}×5b^2$
$\quad=\dfrac{6a^2×5b^2}{3ab}$
$\quad=10ab$
$\quad=10×(-2)×5$
$\quad=\mathbf{-100}$

補充問題5　$x=3$，$y=-2$ のとき，次の式の値を求めなさい。（教科書P.214）

(1)　$5xy-4xy$　　　　　　(2)　$7x+5y-2x+8y$

(3)　$4(x-y)-2(3x+2y)$　　(4)　$(-2x)^2×\dfrac{1}{2}x$

(5)　$12xy÷6x$　　　　　　(6)　$-8xy^2÷2x÷(-4xy)$

▶解答

(1)　$5xy-4xy$
$\quad=xy$
$\quad=3×(-2)$
$\quad=\mathbf{-6}$

(2)　$7x+5y-2x+8y$
$\quad=5x+13y$
$\quad=5×3+13×(-2)$
$\quad=\mathbf{-11}$

(3)　$4(x-y)-2(3x+2y)$
$\quad=4x-4y-6x-4y$
$\quad=-2x-8y$
$\quad=-2×3-8×(-2)=\mathbf{10}$

(4)　$(-2x)^2×\dfrac{1}{2}x$
$\quad=4x^2×\dfrac{1}{2}x$
$\quad=2x^3$
$\quad=2×3^3=\mathbf{54}$

(5)　$12xy \div 6x$

　　$= \dfrac{12xy}{6x}$

　　$= 2y$

　　$= 2 \times (-2) = \boldsymbol{-4}$

(6)　$-8xy^2 \div 2x \div (-4xy)$

　　$= -8xy^2 \times \dfrac{1}{2x} \times \left(-\dfrac{1}{4xy}\right)$

　　$= \dfrac{8xy^2}{2x \times 4xy}$

　　$= \dfrac{y}{x} = \boldsymbol{-\dfrac{2}{3}}$

基本の問題

1　次の式は単項式，多項式のどちらですか。また，何次式ですか。

(1)　$6x$
(2)　$-3xy$
(3)　$8 - a^2$

(4)　$4x + y^2$
(5)　$b + b^2$
(6)　$3x^2 + xy^2 - y$

考え方　数や文字についての乗法だけでできている式が単項式，2つ以上の単項式の和の形で表される式が多項式である。単項式では，かけ合わされた文字の個数が次数で，多項式では，各項の次数のうちで最も大きいものがその多項式の次数である。

▶解答
(1)　**単項式，1次式**
(2)　**単項式，2次式**
(3)　**多項式，2次式**

(4)　**多項式，2次式**
(5)　**多項式，2次式**
(6)　**多項式，3次式**

2　次の計算をしなさい。

(1)　$2x - 3y + 5x - 2y$
(2)　$7ab - 3ab + 2ab$

(3)　$(6x + 4y) + (x - 5y)$
(4)　$(a^2 + 1) - (-5a^2 + a - 1)$

▶解答
(1)　$2x - 3y + 5x - 2y = \boldsymbol{7x - 5y}$
(2)　$7ab - 3ab + 2ab = \boldsymbol{6ab}$

(3)　$(6x + 4y) + (x - 5y)$
　　$= 6x + 4y + x - 5y = \boldsymbol{7x - y}$

(4)　$(a^2 + 1) - (-5a^2 + a - 1)$
　　$= a^2 + 1 + 5a^2 - a + 1 = \boldsymbol{6a^2 - a + 2}$

3　次の計算をしなさい。

(1)　$2(5a - 2b)$
(2)　$(8x - 12y) \div 4$

(3)　$2(a - b) - (a + b)$
(4)　$\dfrac{2x + y}{4} - \dfrac{x + 5y}{6}$

▶解答
(1)　$2(5a - 2b)$

　　$= 2 \times 5a + 2 \times (-2b)$

　　$= \boldsymbol{10a - 4b}$

(2)　$(8x - 12y) \div 4$

　　$= (8x - 12y) \times \dfrac{1}{4}$

　　$= 8x \times \dfrac{1}{4} - 12y \times \dfrac{1}{4}$

　　$= \boldsymbol{2x - 3y}$

(3)　$2(a-b)-(a+b)$
　　$=2a-2b-a-b$
　　$=\boldsymbol{a-3b}$

(4)　$\dfrac{2x+y}{4}-\dfrac{x+5y}{6}$
　　$=\dfrac{3(2x+y)-2(x+5y)}{12}$
　　$=\dfrac{6x+3y-2x-10y}{12}$
　　$=\dfrac{\boldsymbol{4x-7y}}{\boldsymbol{12}}$

4　次の計算をしなさい。

(1)　$(-6x)\times(-3xy)$

(2)　$(-10x^2y)\div 5x^2$

(3)　$12x^2y\div 2x\div 3y$

(4)　$2b^2\div 4ab\times 6a^3$

▶解答

(1)　$(-6x)\times(-3xy)$
　　$=\boldsymbol{18x^2y}$

(2)　$(-10x^2y)\div 5x^2$
　　$=-\dfrac{10x^2y}{5x^2}$
　　$=\boldsymbol{-2y}$

(3)　$12x^2y\div 2x\div 3y$
　　$=\dfrac{12x^2y}{2x\times 3y}$
　　$=\boldsymbol{2x}$

(4)　$2b^2\div 4ab\times 6a^3$
　　$=\dfrac{2b^2\times 6a^3}{4ab}$
　　$=\boldsymbol{3a^2b}$

5　$x=3$，$y=-4$ のとき，次の式の値を求めなさい。

(1)　$3x+y-x-2y$

(2)　$2xy-5xy-3xy$

(3)　$2(3x-4y)-3(x-2y)$

(4)　$3xy\times(-8y)\div 6xy$

▶解答

(1)　$3x+y-x-2y$
　　$=2x-y$
　　$=2\times 3-(-4)=\boldsymbol{10}$

(2)　$2xy-5xy-3xy$
　　$=-6xy$
　　$=-6\times 3\times(-4)=\boldsymbol{72}$

(3)　$2(3x-4y)-3(x-2y)$
　　$=6x-8y-3x+6y$
　　$=3x-2y=3\times 3-2\times(-4)=\boldsymbol{17}$

(4)　$3xy\times(-8y)\div 6xy$
　　$=\dfrac{3xy\times(-8y)}{6xy}$
　　$=-4y=-4\times(-4)=\boldsymbol{16}$

6　次の計算の答えがあうように，□に $+$，$-$，$\times$，$\div$ をあてはめなさい。

(1)　$a\,\square\,b\,\square\,2a\,\square\,2b=3a-b$

(2)　$5a\,\square\,b\,\square\,a\,\square\,4b=ab$

(3)　$(4a\,\square\,4a\,\square\,4a)\,\square\,4=a$

▶解答

(1)　$a\boxplus b\boxplus 2a\boxminus 2b=3a-b$

(2)　$5a\boxtimes b\boxminus a\boxtimes 4b=ab$

(3)　$(4a\boxtimes 4a\boxdiv 4a)\boxdiv 4=a$　　　または，$(4a\boxdiv 4a\boxtimes 4a)\boxdiv 4=a$
　　$(4a\boxplus 4a\boxminus 4a)\boxdiv 4=a$　　　または，$(4a\boxminus 4a\boxplus 4a)\boxdiv 4=a$

2 節 ｜ 文字式の活用

1 文字を使った説明①

基本事項ノート

→連続する整数の性質

　連続する整数について，いつも成り立つ性質を見つけ出し，文字式を使って説明する。

例 連続する3つの整数は，n を整数とすると，n，$n+1$，$n+2$ と表される。

> **Q** 1，2，3や6，7，8のような連続する
> 3つの整数の和について，いつも成り立つ
> 性質を予想しましょう。

1	+	2	+	3	=	6
6	+	7	+	8	=	21
19	+	20	+	21	=	60
□	+	□	+	□	=	□

▶**解答** 1 + 2 + 3 = 6，6 + 7 + 8 = 21，19 + 20 + 21 = 60 など，どの和も3の倍数だから，
3の倍数になると予想できる。

問1 陸さんは，**例1**の説明をふり返って，「連続する3つの整数の和は，真ん中の数の3倍になる。」と考えました。陸さんの考えは正しいですか。その理由も答えましょう。

▶**解答** **正しい。**
（理由） **例1の説明から，連続する3つの整数の和は 3$(n+1)$ と表される。$n+1$ は真ん中の数だから，3$(n+1)$ は真ん中の数の3倍である。**
したがって，連続する3つの整数の和は，真ん中の数の3倍になる。

問2 連続する3つの整数のうち，真ん中の数を n として，㋐がいつも成り立つことを説明しなさい。

▶**解答** **連続する3つの整数のうち，真ん中の数を n とすると，**
連続する3つの整数は，$n-1$，n，$n+1$ と表される。
連続する3つの整数の和は，$(n-1)+n+(n+1)=3n$
n は整数だから，$3n$ は3の倍数である。
したがって，連続する3つの整数の和は，3の倍数になる。

問3 彩さんは，連続する5つの整数の和について，次のようにいっています。

> 連続する5つの整数の和は，　　　　　　　　　　　になる。

次の問いに答えましょう。
(1) 彩さんが見つけた整数の性質を予想しましょう。
(2) (1)で予想した性質がいつも成り立つことを，文字を使って説明しましょう。

▶解答　(1)　**5の倍数になる。**

　　　　(2)　**連続する5つの整数のうち，真ん中の数をnとすると，**

　　　　　　連続する5つの整数は，$n-2$，$n-1$，n，$n+1$，$n+2$と表される。

　　　　　　連続する5つの整数の和は，$(n-2)+(n-1)+n+(n+1)+(n+2)=5n$

　　　　　　nは整数だから，$5n$は5の倍数である。

　　　　　　したがって，連続する5つの整数の和は，5の倍数になる。

2　文字を使った説明②

基本事項ノート

➡偶数と奇数の和

　偶数や奇数を文字式を使って表し，その和についての性質を説明する。

例）　m，nを整数とすると，偶数は$2m$，奇数は$2n+1$(または$2n-1$)と表される。

➡2けたの自然数の性質

　2けたの自然数を文字式を使って表し，いろいろな性質について説明する。

例）　十の位の数をx，一の位の数をyとすると，2けたの自然数は，$10x+y$と表される。

Q　偶数と奇数の和，奇数と奇数の和は，それぞれ偶数または奇数のどちらになるでしょうか。

▶解答　**偶数と奇数の和は奇数**(教科書**例1**参照)，**奇数と奇数の和は偶数**(下記**例2**参照)になる。

問1　**例1**で，偶数と奇数を同じ文字で表してはいけない理由を考えましょう。

▶解答　(例)　偶数と奇数の2つの数をどちらも同じ文字mで，偶数を$2m$，奇数を$2m+1$
　　　　とした場合，2つの数は連続した2つの整数に限定されてしまうから。など

問2　奇数と奇数の和は偶数になることを，**例1**と同じように説明しなさい。

▶解答　**m，nを整数とすると，2つの奇数はそれぞれ$2m+1$，$2n+1$と表される。**

　　　　奇数と奇数の和は，$(2m+1)+(2n+1)=2m+1+2n+1=2m+2n+2=2(m+n+1)$

　　　　$m+n+1$は整数だから，$2(m+n+1)$は偶数である。

　　　　したがって，奇数と奇数の和は偶数になる。

Q　2けたの自然数と，その数の十の位の数と一の位の数を入れかえてできた数の差は，どんな数になるかを予想しましょう。

▶解答　右の図に数字を当てはめていくと，
94－49＝45，75－57＝18，21－12＝9
また，例えば63－36＝27など，2けたの自然数と，
その数の十の位の数と一の位の数を入れかえてでき
た数の差はすべて，**9の倍数になることが予想され
る**。（教科書**例2**参照）

94	－	49	＝	**45**
75	－	57	＝	**18**
21	－	**12**	＝	**9**
63	－	**36**	＝	**27**

例2　答　（上から）**9，9，9**

問3　2けたの自然数と，その数の十の位の数と一の位の数を入れかえてできた数の和は，
どんな数になるかを調べ，「〜は，…になる。」という形でかきなさい。
また，そのことがいつも成り立つことを，文字を使って説明しなさい。

▶解答　**もとの自然数の十の位の数を x，一の位の数を y とすると，もとの自然数は $10x+y$，
入れかえてできた自然数は $10y+x$ と表される。
これらの2つの自然数の和は，$(10x+y)+(10y+x)＝11x+11y＝11(x+y)$
$x+y$ は自然数だから，2けたの自然数と，その数の十の位と一の位の数を入れかえて
できた数の和は，11の倍数になる。**

3　等式の変形

基本事項ノート

→ある文字について解く。

あたえられた等式をある文字について解くには，あたえられた等式を，その文字についての
方程式とみて，それを解く。解くときには，他の文字は，数と同じようにあつかえばよい。
式の変形には，等式の性質を用いる。

例　$y＝3x-2$ を，x について解くと，$x=\dfrac{y+2}{3}$ となる。計算の流れは，

両辺を入れかえると　　$3x-2=y$

－2を移項すると　　　　$3x=y+2$

両辺を3でわると　　　　$x=\dfrac{y+2}{3}$

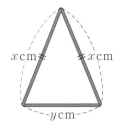

Q　30 cm のひもを使って，二等辺三角形をつくります。
その二等辺三角形で，等しい辺の長さを $x$cm，残り
の辺の長さを y cm としたときの，x と y の関係を式
で表しましょう。
また，y が8，10，14のときの x の値を求めましょう。

▶解答　等しい辺の長さが x cm，残りの辺の長さが y cmだから，周の長さは$(2x+y)$cm

これが30cmだから，$2x+y=30$　　　　　　　　　　　　　　　答　**$2x+y=30$**

$y=8$のとき，$2x+y=30$に$y=8$を代入すると，$2x+8=30$

　これを解くと，$x=11$　　　　　　　　　　　　　　　　答　**$x=11$**

$y=10$のとき，$2x+y=30$に$y=10$を代入すると，$2x+10=30$

これを解くと，$x=10$　　　　　　　　　　　　　　　　答　**$x=10$**

$y=14$のとき，$2x+y=30$に$y=14$を代入すると，$2x+14=30$

これを解くと，$x=8$　　　　　　　　　　　　　　　　　答　**$x=8$**

問1　**例1**の等式①を，yについて解きなさい。

▶解答　$2x+y=30$

　　　　$y=30-2x$　　〉$2x$を移項する。

問2　**Ｑ**の二等辺三角形について，次の問いに答えなさい。

(1)　$y=4$のときのxの値を求めなさい。

(2)　$x=9$のときのyの値を求めなさい

▶解答　(1)　**例1**より，$x=\dfrac{30-y}{2}$ に$y=4$を代入すると，

　　　　$x=\dfrac{30-4}{2}=13$　　　　　　　　　　　　　答　**$x=13$**

(2)　**問1**より，$y=30-2x$に$x=9$を代入すると，

　　　　$y=30-2\times9=12$　　　　　　　　　　　　　　答　**$y=12$**

問3　次の等式を，〔　〕の中の文字について解きなさい。

(1)　$x-8=y$〔x〕　　　　(2)　$5x=3y$〔x〕　　　　(3)　$4a+5=b$〔a〕

(4)　$x+\dfrac{y}{3}=120$〔y〕　　(5)　$5x+10y=4$〔x〕　　(6)　$2a-3b=12$〔b〕

考え方　等式を変形して，$x=\boxed{}$ のようにすることを，xについて解くという。

▶解答　(1)　$x-8=y$　　　　　　　　　　(2)　$5x=3y$

　　　　-8を移項する。　**$x=y+8$**　　　　両辺を5でわる。　**$x=\dfrac{3}{5}y$**

(3)　$4a+5=b$　　　　　　　　　　　　(4)　$x+\dfrac{y}{3}=120$

　　　5を移項する。　$4a=b-5$　　　　　　xを移項する。　$\dfrac{y}{3}=120-x$

　　　両辺を4でわる。　**$a=\dfrac{b-5}{4}$**　　　両辺を3倍する。　**$y=360-3x$**

(5)　$5x+10y=4$

　10y を移項する。　$5x=4-10y$

　両辺を5でわる。　$\boldsymbol{x=\dfrac{4}{5}-2y}$

(6)　$2a-3b=12$

　2a を移項する。　$-3b=12-2a$

　両辺を -3 でわる。　$\boldsymbol{b=-4+\dfrac{2}{3}a}$

問4　次の等式を，〔　〕の中の文字について解きなさい。

(1)　$y=x-9$　〔x〕

(2)　$18a=-4b$　〔b〕

(3)　$x=12+3y$　〔y〕

(4)　$\ell=3(a-5)$　〔a〕

▶**解答**

(1)　$y=x-9$

　両辺を入れかえる。　$x-9=y$

　-9 を移項する。　$\boldsymbol{x=y+9}$

(2)　$18a=-4b$

　両辺を入れかえる。　$-4b=18a$

　両辺を -4 でわる。　$\boldsymbol{b=-\dfrac{9}{2}a}$

(3)　$x=12+3y$

　両辺を入れかえる。$12+3y=x$

　12を移項する。　　　$3y=x-12$

　両辺を3でわる。　$\boldsymbol{y=\dfrac{x}{3}-4}$

(4)　$\ell=3(a-5)$

　両辺を入れかえる。$3(a-5)=\ell$

　両辺を3でわる。　$a-5=\dfrac{\ell}{3}$

　-5 を移項する。　$\boldsymbol{a=\dfrac{\ell}{3}+5}$

問5　$4ab=28$ を，a について解きなさい。

▶**解答**　$4ab=28$

両辺を4でわる。　　$ab=7$

両辺を b でわる。　$\boldsymbol{a=\dfrac{7}{b}}$

問6　次の等式で，V は正四角錐の体積，a はその底面の正方形の1辺の長さ，h は高さを表しています。
下の問いに答えなさい。

　$V=\dfrac{1}{3}a^2h$

(1)　この等式を，h について解きなさい。

(2)　$V=48$，$a=6$ であるときの h の値を求めなさい。

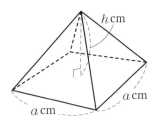

▶**解答**

(1)　$V=\dfrac{1}{3}a^2h$

　　　　　　　　　　両辺を3倍する。

　　$3V=a^2h$

　　　　　　　　　　両辺を入れかえる。

　　$a^2h=3V$

　　　　　　　　　　両辺を a^2 でわる。

　　$\boldsymbol{h=\dfrac{3V}{a^2}}$

(2)　$h=\dfrac{3V}{a^2}$ に $V=48$，$a=6$ を代入する。

　　$h=\dfrac{3\times48}{6^2}=4$

　　　　　　　　　　　　　　　　　　　　答　$\boldsymbol{h=4}$

> **補充問題6** 次の等式を，〔 〕の中の文字について解きなさい。（教科書P.214）
>
> (1) $2a-6b=8$ 〔a〕 (2) $9-x=y$ 〔x〕 (3) $x+2y=7$ 〔y〕
>
> (4) $3(x+y)=7$ 〔y〕 (5) $y=\dfrac{5}{2}x-6$ 〔x〕 (6) $V=\dfrac{1}{3}Sh$ 〔S〕

▶**解答**

(1) $2a-6b=8$

$2a=8+6b$

$\boldsymbol{a=4+3b}$

(2) $9-x=y$

$-x=y-9$

$\boldsymbol{x=-y+9}$

(3) $x+2y=7$

$2y=7-x$

$\boldsymbol{y=\dfrac{7-x}{2}}$

(4) $3(x+y)=7$

$x+y=\dfrac{7}{3}$

$\boldsymbol{y=\dfrac{7}{3}-x}$

(5) $y=\dfrac{5}{2}x-6$

$\dfrac{5}{2}x-6=y$

$5x-12=2y$

$5x=2y+12$

$\boldsymbol{x=\dfrac{2y+12}{5}}$

(6) $V=\dfrac{1}{3}Sh$

$\dfrac{1}{3}Sh=V$

$Sh=3V$

$\boldsymbol{S=\dfrac{3V}{h}}$

> **補充問題7** 次の等式で，Sは三角形の面積，aはその三角形の底辺の長さ，hは高さを表しています。下の問いに答えなさい。
>
> $S=\dfrac{1}{2}ah$
>
> (1) この等式を，hについて解きなさい。
>
> (2) $S=12$，$a=4$であるときのhの値を求めなさい。

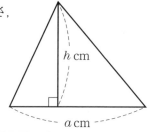

▶**解答**

(1) $S=\dfrac{1}{2}ah$

$ah=2S$

$h=\dfrac{2S}{a}$　　　　　答　$\boldsymbol{h=\dfrac{2S}{a}}$

(2) $h=\dfrac{2\times12}{4}$

$=6$　　　　　答　$\boldsymbol{h=6}$

4 スタート位置を決めよう

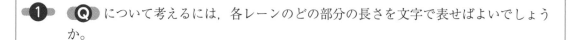

Q 各レーンの幅を1mとして，第2レーンと第1レーンの1周の長さの差を求めてみましょう。

① **Q** について考えるには，各レーンのどの部分の長さを文字で表せばよいでしょうか。

▶解答　**第1レーンの直線部分をam，半円部分の半径をrmとする。**

---

②　**Ⓠ** について考えましょう。また，第3レーンと第2レーン，第4レーンと第3レーンについても，同じように考えましょう。

▶解答　第1レーンの1周の長さは，$2\pi r + 2a$（m）
第2レーンの1周の長さは，$2\pi(r+1) + 2a = 2\pi r + 2\pi + 2a$（m）
したがって，第2レーンと第1レーンの1周の長さの差は，
　$(2\pi r + 2\pi + 2a) - (2\pi r + 2a) = \mathbf{2\pi}$（**m**）
また同様に，
第3レーンの1周の長さは，$2\pi(r+2) + 2a = 2\pi r + 4\pi + 2a$（m）
第4レーンの1周の長さは，$2\pi(r+3) + 2a = 2\pi r + 6\pi + 2a$（m）
したがって，第3レーンと第2レーンの1周の長さの差は，
　$(2\pi r + 4\pi + 2a) - (2\pi r + 2\pi + 2a) = \mathbf{2\pi}$（**m**）
第4レーンと第3レーンの1周の長さの差は，
　$(2\pi r + 6\pi + 2a) - (2\pi r + 4\pi + 2a) = \mathbf{2\pi}$（**m**）

---

③　となり合うレーンの1周の長さの差は，半円部分の半径や直線部分の長さによって変わるでしょうか。

▶解答　となり合うどのレーンの差もaやrなどの文字が入らず2πmなので，**変わらない。**

---

④　文字を使うことにはどんなよさがありましたか。

▶解答　（例）　どのような数をあてはめても同じ結果が得られることがわかること。など

---

⑤　オリンピック・パラリンピックの陸上競技で使用されるトラックの各レーンの幅は1.22 mです。各レーンの幅が1.22 mのとき，**Ⓠ** の答えはどのように変わるでしょうか。

考え方　第1レーンの1周の長さは，$2\pi r + 2a$（m）
第2レーンの1周の長さは，$2\pi(r+1.22) + 2a = 2\pi r + 2.44\pi + 2a$（m）
したがって，第2レーンと第1レーンの1周の長さの差は，
　$(2\pi r + 2.44\pi + 2a) - (2\pi r + 2a) = 2.44\pi$（m）

▶解答　$\mathbf{2\pi}$ **m から** $\mathbf{2.44\pi}$ **m となる。**

基本の問題

1 2けたの自然数から，その数の十の位の数と
一の位の数をひくと，その答えはある自然数
の倍数になります。
どんな自然数の倍数になるかを調べて，その
ことを文字を使って説明します。
次の問いに答えなさい。

$$28 - 2 - 8 = \boxed{}$$
$$57 - 5 - 7 = \boxed{}$$
$$90 - 9 - 0 = \boxed{}$$

(1) 具体的な数でいろいろ試して，どんな自然数の倍数になるかを予想し，
「～は，…になる。」という形でかきなさい。

(2) (1)で予想したことがいつも成り立つことを，次のように説明します。（説明は解答
欄）

㋐には，(1)で予想した自然数があてはまります。

㋐～㋕にあてはまる数，文字，文字式をかき入れなさい。

▶解答 (1) $28-2-8=18$，$57-5-7=45$，$90-9-0=81$　すべて9でわり切れる。
したがって，**2けたの自然数から，その数の十の位の数と一の位の数をひいた数は，
9の倍数になる。**

(2) ［説明］もとの自然数の十の位の数を x，一の位の数を y とすると，
もとの自然数は $\boxed{㋐ \quad \boldsymbol{10x+y}}$ と表される。

もとの自然数から，その数の十の位の数と一の位の数をひくと

$$\boxed{㋐ \quad \boldsymbol{10x+y}} - \boxed{㋑ \quad \boldsymbol{x}} - \boxed{㋒ \quad \boldsymbol{y}}$$
$$= \boxed{㋓ \quad \boldsymbol{9x}}$$

x は自然数だから，$\boxed{㋓ \quad \boldsymbol{9x}}$ は $\boxed{㋔ \quad \boldsymbol{9}}$ の倍数になる。

したがって，2けたの自然数から，その数の十の位の数と
一の位の数をひくと，その答えは $\boxed{㋔ \quad \boldsymbol{9}}$ の倍数になる。

2 次の等式を，〔　〕の中の文字について解きなさい。

(1) $x+4y=9$ 〔x〕

(2) $5a-7=2b$ 〔a〕

(3) $y=\dfrac{1}{2}x+3$ 〔x〕

(4) $3ab=6$ 〔b〕

▶解答
(1) $x+4y=9$
$$\boldsymbol{x=9-4y}$$

(2) $5a-7=2b$
$$5a=2b+7$$
$$\boldsymbol{a=\dfrac{2b+7}{5}}$$

(3) $y=\dfrac{1}{2}x+3$
$$\dfrac{1}{2}x+3=y$$
$$x+6=2y$$
$$\boldsymbol{x=2y-6}$$

(4) $3ab=6$
$$ab=2$$
$$\boldsymbol{b=\dfrac{2}{a}}$$

1章の問題

（1）　次の式は単項式，多項式のどちらですか。また，何次式ですか。
(1)　$2a$　　　　(2)　a^2+2　　　　(3)　$3a-8$　　　　(4)　$5xyz$
(5)　$9x$　　　　(6)　$6a^3-a^2$　　　(7)　$7a^2$　　　　(8)　x^2-4x+3

考え方　数や文字についての乗法だけでできている式が単項式，2つ以上の単項式の和の形で表される式が多項式である。単項式では，かけ合わされた文字の個数が次数で，多項式では，各項の次数のうちで最も大きいものがその多項式の次数である。

▶解答　**(1)　単項式，1次式　(2)　多項式，2次式　(3)　多項式，1次式　(4)　単項式，3次式**
　　　　(5)　単項式，1次式　(6)　多項式，3次式　(7)　単項式，2次式　(8)　多項式，2次式

（2）　次の多項式は何次式ですか。また，それぞれの多項式の項を答えなさい。
(1)　$2x-5y+4xy$　　　　　　　(2)　a^2+ab
(3)　$x^2-\dfrac{x}{4}+\dfrac{3}{4}$　　　　　　　(4)　$5a+3a^2b$

考え方　多項式にふくまれる1つ1つの単項式が，その多項式の項である。

▶解答　**(1)　2次式，項…$2x$，$-5y$，$4xy$　　　(2)　2次式，項…a^2，ab**
　　　　(3)　2次式，項…x^2，$-\dfrac{x}{4}$，$\dfrac{3}{4}$　　　(4)　3次式，項…$5a$，$3a^2b$

（3）　次の計算をしなさい。
(1)　$5x+4y-3x$　　　　　　　(2)　$2a^2-a-5a^2+7a$
(3)　$(7x-4y)+(2x-y)$　　　　(4)　$(5a+2b)-(3a-5b)$
(5)　$4(3a-2b)$　　　　　　　(6)　$(-2x+y)\times(-3)$
(7)　$3(x-2y)+(x+4y)$　　　　(8)　$(2a-b)-2(a+4b)$
(9)　$(-4x)\times6y$　　　　　　(10)　$(-2a)^2$
(11)　$15x^2\div5x$　　　　　　　(12)　$8ab\div4ab$

▶解答　(1)　$5x+4y-3x=\boldsymbol{2x+4y}$　　　(2)　$2a^2-a-5a^2+7a=\boldsymbol{-3a^2+6a}$
(3)　$(7x-4y)+(2x-y)$　　　　(4)　$(5a+2b)-(3a-5b)$
　　$=7x-4y+2x-y$　　　　　　$=5a+2b-3a+5b$
　　$=\boldsymbol{9x-5y}$　　　　　　　　　$=\boldsymbol{2a+7b}$
(5)　$4(3a-2b)=\boldsymbol{12a-8b}$　　　(6)　$(-2x+y)\times(-3)=\boldsymbol{6x-3y}$
(7)　$3(x-2y)+(x+4y)$　　　　(8)　$(2a-b)-2(a+4b)$
　　$=3x-6y+x+4y$　　　　　　$=2a-b-2a-8b$
　　$=\boldsymbol{4x-2y}$　　　　　　　　　$=\boldsymbol{-9b}$
(9)　$(-4x)\times6y=\boldsymbol{-24xy}$　　　(10)　$(-2a)^2=(-2a)\times(-2a)=\boldsymbol{4a^2}$
(11)　$15x^2\div5x$　　　　　　　(12)　$8ab\div4ab$
　　$=15x^2\times\dfrac{1}{5x}=\dfrac{15x^2}{5x}=\boldsymbol{3x}$　　　$=8ab\times\dfrac{1}{4ab}=\dfrac{8ab}{4ab}=\boldsymbol{2}$

4　$x=5$, $y=-\dfrac{1}{2}$ のとき，次の式の値を求めなさい。

(1)　$6x-4y+5(2y-x)$　　　　　　(2)　$2x^2y \div 3xy \times (-6y)$

|考|え|方|　式を簡単にしてから代入する。

▶解答

(1)　$6x-4y+5(2y-x)$

$=6x-4y+10y-5x$

$=x+6y$

$=5+6\times\left(-\dfrac{1}{2}\right)$

$\boldsymbol{=2}$

(2)　$2x^2y \div 3xy \times (-6y)$

$=2x^2y \times \dfrac{1}{3xy} \times (-6y)$

$=-\dfrac{2x^2y \times 6y}{3xy}$

$=-4xy$

$=-4\times5\times\left(-\dfrac{1}{2}\right)\boldsymbol{=10}$

5　n を自然数とするとき，いつでも6でわり切れる自然数になる式を，次の⑦～⑰の中からすべて選びなさい。

⑦　$6n$　　　④　$n+6$　　　⑨　$3n+6$　　　⑤　$6n+6$　　　⑥　$6(n+2)$　　　⑯　$\dfrac{n}{6}$

|考|え|方|　6でわり切れる自然数は，6×(自然数)で表される。

▶解答　⑦，⑤，⑥

6　次の等式を，〔　〕の中の文字について解きなさい。

(1)　$x+2y=10$　〔y〕　　　　　　(2)　$\ell=2\pi r$　〔r〕

▶解答

(1)　$x+2y=10$

$2y=10-x$

$\boldsymbol{y=5-\dfrac{x}{2}}$

(2)　$\ell=2\pi r$

$2\pi r=\ell$

$\boldsymbol{r=\dfrac{\ell}{2\pi}}$

とりくんでみよう

1　次の計算をしなさい。

(1)　$x+\dfrac{1}{3}y+2x+\dfrac{2}{3}y$

(2)　$(3x-2y+1) \div \dfrac{1}{4}$

(3)　$2x-5y+5(2x-y)$

(4)　$4(3a-b)-2(a-2b)+5(b-2a)$

(5)　$\dfrac{2x+y}{3}-\dfrac{x-2y}{2}$

(6)　$5a\times(-a)^2$

(7)　$2ab\times(-3a^2)\div4ab$

(8)　$2y \div (-4xy) \times (-12xy^2)$

▶解答

(1)　$x + \dfrac{1}{3}y + 2x + \dfrac{2}{3}y$

　　$= \boldsymbol{3x + y}$

(2)　$(3x - 2y + 1) \div \dfrac{1}{4}$

　　$= (3x - 2y + 1) \times 4$

　　$= \boldsymbol{12x - 8y + 4}$

(3)　$2x - 5y + 5(2x - y)$

　　$= 2x - 5y + 10x - 5y$

　　$= \boldsymbol{12x - 10y}$

(4)　$4(3a - b) - 2(a - 2b) + 5(b - 2a)$

　　$= 12a - 4b - 2a + 4b + 5b - 10a$

　　$= \boldsymbol{5b}$

(5)　$\dfrac{2x + y}{3} - \dfrac{x - 2y}{2}$

　　$= \dfrac{4x + 2y - 3x + 6y}{6}$

　　$= \boldsymbol{\dfrac{x + 8y}{6}}$

(6)　$5a \times (-a)^2$

　　$= 5a \times a^2$

　　$= \boldsymbol{5a^3}$

(7)　$2ab \times (-3a^2) \div 4ab$

　　$= -\dfrac{2ab \times 3a^2}{4ab}$

　　$= \boldsymbol{-\dfrac{3}{2}a^2}$

(8)　$2y \div (-4xy) \times (-12xy^2)$

　　$= \dfrac{2y \times 12xy^2}{4xy}$

　　$= \boldsymbol{6y^2}$

2　次の等式を，〔　〕の中の文字について解きなさい。

　　(1)　$m = \dfrac{3a + 5b}{2}$　〔a〕

　　(2)　$-4x - 3y = 5x - 2$　〔y〕

▶解答

(1)　$m = \dfrac{3a + 5b}{2}$

　　$3a + 5b = 2m$

　　　$3a = 2m - 5b$

　　　　$\boldsymbol{a = \dfrac{2m - 5b}{3}}$

(2)　$-4x - 3y = 5x - 2$

　　　$-3y = 5x + 4x - 2$

　　　$-3y = 9x - 2$

　　　　$\boldsymbol{y = \dfrac{-9x + 2}{3}}$

3　右の2つの円柱で，㋐の体積は，㋑の体積の何倍かを求めなさい。また，㋐の側面積は，㋑の側面積の何倍かを求めなさい。

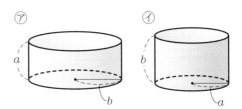

考え方　円柱の体積は，（底面積）×（高さ）　　円柱の側面積は，（底面の円周）×（高さ）

▶解答　㋐の体積は，$\pi b^2 \times a = ab^2\pi$，㋑の体積は，$\pi a^2 \times b = a^2b\pi$

したがって，㋐の体積は，㋑の体積の　$ab^2\pi \div a^2b\pi = \boldsymbol{\dfrac{b}{a}}$**（倍）**

㋐の側面積は，$2b\pi \times a = 2ab\pi$，㋑の側面積は，$2a\pi \times b = 2ab\pi$

したがって，㋐の側面積は，㋑の側面積の　$2ab\pi \div 2ab\pi = \boldsymbol{1}$**（倍）**

4 右の図のように，線分AB上に点Pをとり，AB，
AP，PBをそれぞれ直径とする円をかきます。
AB を直径とする円の周の長さを①，AP，PB を
それぞれ直径とする円の周の長さの合計を②とす
るとき，①，②について，下の⑦〜㊀の中から正
しいものを1つ選びなさい。また，それが正しい
ことを，AP＝x，PB＝y として説明しなさい。

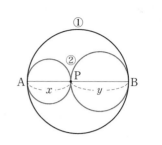

⑦　①は②より長い。　　④　①は②より短い。
⑨　①は②と等しい。　　㊀　①と②の関係については判断できない。

考え方 　それぞれの長さについて，x，yを使って表す。

▶解答　⑨

（説明）　AP＝x，PB＝yとすると，①は直径・$x＋y$の円周だから
$$\pi(x+y)=\pi x+\pi y$$
②は直径xの円周と直径yの円周の和だから　$\pi x+\pi y$
したがって，①は②と等しい。

次の章を学ぶ前に

---

1 等式の性質を使って，下の方程式を解きましょう。

(1) $x-4=3$　　　　　　　　(2) $x+10=-5$

(3) $\dfrac{1}{2}x=-8$　　　　　　(4) $3x=12$

▶解答

(1) $x-4=3$

$x-4+4=3+4$

$x=7$

(2) $x+10=-5$

$x+10-10=-5-10$

$x=-15$

(3) $\dfrac{1}{2}x=-8$

$\dfrac{1}{2}x\times2=-8\times2$

$x=-16$

(4) $3x=12$

$\dfrac{3x}{3}=\dfrac{12}{3}$

$x=4$

---

2 次の方程式を解く過程で，文字をふくむ項を左辺に，定数項を右辺に移項しています。
□にあてはまる＋か－の記号をかき入れましょう。

▶解答

(1) $2x+7=13$

$2x=13\boxed{-}7$

(2) $6x-2=3x+10$

$6x\boxed{-}3x=10\boxed{+}2$

---

3 次の方程式を解きましょう。

(1) $3x-1=17$　　　　　　　(2) $6x-9=x+16$

▶解答

(1) $3x-1=17$

$3x=17+1$

$3x=18$

$x=6$

(2) $6x-9=x+16$

$6x-x=16+9$

$5x=25$

$x=5$

連立方程式

1年では，1次方程式の解を求めることを学習しました。この章では，2つの未知の数量を，2つの文字を用いて表す2元1次方程式という等式について学習します。
連立方程式の解き方や利用の方法など，しっかり理解しましょう。また，応用範囲の広い内容も含まれるので，十分に習熟しましょう。

1 節　連立方程式

1　連立方程式とその解

基本事項ノート

→2元1次方程式

　2つの文字をふくむ1次方程式を，2元1次方程式という。

例）　$x+y=5$，$3a-5b=7$

→連立方程式とその解

　2つ以上の方程式を組にしたものを連立方程式という。この2つの方程式を同時に成り立たせる値の組を，連立方程式の解といい，解を求めることを，連立方程式を解くという。

例）　$\begin{cases} x+y=5 \\ x-y=3 \end{cases}$

　$\begin{cases} x=1 \\ y=4 \end{cases}$ は，$x+y=5$は成り立つが，$x-y=3$は成り立たないので，解ではない。

　$\begin{cases} x=4 \\ y=1 \end{cases}$ は，$x+y=5$も$x-y=3$も両方とも成り立つので，解である。

問1　①の2元1次方程式を成り立たせる x，y の値の組を求め，次の表を完成しなさい。

考え方　①の方程式を y について解くと，$y=15-3x$
　　　　　この式に x の値0，1，2…を代入し，y の値を求める。

▶解答

x	0	1	2	3	4	5
y	**15**	**12**	**9**	**6**	**3**	**0**

問2　次の値の組のうち，2元1次方程式 $4x-3y=13$ の解であるものをすべて選びなさい。

㋐ $\begin{cases} x=4 \\ y=1 \end{cases}$　　　　㋑ $\begin{cases} x=2 \\ y=7 \end{cases}$　　　　㋒ $\begin{cases} x=0 \\ y=-\dfrac{13}{3} \end{cases}$

考え方　x, y の値の組を方程式に代入して，成り立つときは解となる。

▶解答　㋐　$x=4$, $y=1$ のとき，

$4x-3y=4×4-3×1=16-3=13$　　　　…成り立つ。

㋑　$x=2$, $y=7$ のとき，

$4x-3y=4×2-3×7=8-21=-13$　　…成り立たない。

㋒　$x=0$, $y=-\dfrac{13}{3}$ のとき，

$4x-3y=4×0-3×\left(-\dfrac{13}{3}\right)=0+13=13$ …成り立つ。　　　　答　㋐と㋒

問3　②の2元1次方程式を成り立たせる x, y の値の組を求め，次の表を完成しなさい。

考え方　②の方程式を y について解くと，$y=7-x$

この式に x の値0，1，2…を代入し，y の値を求める。

▶解答

x	0	1	2	3	4	5	6	7
y	**7**	**6**	**5**	**4**	**3**	**2**	**1**	**0**

問4　**問1**と**問3**の表から，①と②の2元1次方程式を同時に成り立たせる x, y の値の組を見つけなさい。

考え方　問1と問3の表から，共通する x, y の値の組を見つける。

▶解答　$\begin{cases} \boldsymbol{x=4} \\ \boldsymbol{y=3} \end{cases}$

問5　次の㋐〜㋒の中から，連立方程式 $\begin{cases} x-y=5 \\ 2x+3y=30 \end{cases}$ の解であるものを選びなさい。

㋐　$\begin{cases} x=6 \\ y=6 \end{cases}$　　　　　　㋑　$\begin{cases} x=7 \\ y=2 \end{cases}$　　　　　　㋒　$\begin{cases} x=9 \\ y=4 \end{cases}$

考え方　x, y の値の組を2つの方程式に代入して，ともに成り立つときは解となる。

▶解答　㋐　$x=6$, $y=6$ のとき，$x-y=6-6=0$

$2x+3y=2×6+3×6=12+18=30$

したがって，$2x+3y=30$ は成り立つが，$x-y=5$ は成り立たない。

ゆえに，$\begin{cases} x=6 \\ y=6 \end{cases}$ は解ではない。

㋑　$x=7$, $y=2$ のとき，$x-y=7-2=5$

$2x+3y=2×7+3×2=14+6=20$

したがって，$x-y=5$ は成り立つが，$2x+3y=30$ は成り立たない。

ゆえに，$\begin{cases} x=7 \\ y=2 \end{cases}$ は解ではない。

㋒　$x=9$, $y=4$ のとき

$x-y=9-4=5$

$2x+3y=2\times9+3\times4=18+12=30$

したがって，$x-y=5$ も，$2x+3y=30$ もともに成り立つ。

ゆえに，$\begin{cases}x=9\\y=4\end{cases}$ は解である。　　　　　　　　　　　　　答　㋒

2　連立方程式の解き方

基本事項ノート

→消去する

x, y についての連立方程式から，y をふくまない方程式を導くことを，y を消去するという。

Q　りんご4個とみかん1個では 550 円，りんご2個とみかん1個では 290 円です。
このりんご1個の値段を求めてみましょう。

問1　りんご1個の値段は，どのようにすれば求められるでしょうか。

▶解答

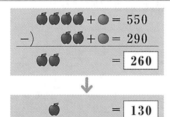

りんご4個とみかん1個で 550 円だから，ここから
りんご2個とみかん1個で 290 円との差を考えると，
りんご2個で 260 円ということがわかる。したがって，
りんご1個は $260\div2=130$（円）である。

問2　①の式と②の式に $x=130$ をそれぞれ代入して y の値を求め，求めた値を比べましょう。どんなことがいえますか。

▶解答

$x=130$ を①に代入すると，

$4\times130+y=550$

$y=550-520$

$y=30$

したがって，みかん1個の値段は
30 円である。

$x=130$ を②に代入すると，

$2\times130+y=290$

$y=290-260$

$y=30$

したがって，みかん1個の値段は
30 円である。

以上より，**①に代入しても②に代入しても y の値は同じになる。**

問3　連立方程式 $\begin{cases}5x+3y=16\\5x-3y=4\end{cases}$ を次の2通りの方法で解いて，解は同じになることを確かめましょう。

(1)　まず x を消去する。　　　(2)　まず y を消去する。

▶解答　$\begin{cases} 5x+3y=16 & \cdots\cdots① \\ 5x-3y=4 & \cdots\cdots② \end{cases}$

(1)　x を消去する。

$$
\begin{array}{r}
5x+3y=16 \\
-)\ \ 5x-3y=4 \\
\hline
6y=12
\end{array}
$$

$$y=2$$

$y=2$ を①に代入すると

$$5x+6=16$$
$$5x=10$$
$$x=2$$

答　$\begin{cases} \boldsymbol{x=2} \\ \boldsymbol{y=2} \end{cases}$

(2)　y を消去する。

$$
\begin{array}{r}
5x+3y=16 \\
+)\ \ 5x-3y=4 \\
\hline
10x\ \ \ \ \ \ =20
\end{array}
$$

$$x=2$$

$x=2$ を①に代入すると

$$10+3y=16$$
$$3y=6$$
$$y=2$$

答　$\begin{cases} \boldsymbol{x=2} \\ \boldsymbol{y=2} \end{cases}$

以上より，x を消去しても y を消去しても解は同じになる。

問4　次の連立方程式を解きなさい。

(1) $\begin{cases} x-y=5 \\ 2x+y=1 \end{cases}$　　　　　　　　(2) $\begin{cases} 2x+3y=7 \\ 2x-y=3 \end{cases}$

(3) $\begin{cases} 4x+3y=13 \\ 2x+3y=8 \end{cases}$　　　　　　　　(4) $\begin{cases} 7x+3y=12 \\ -7x-y=-4 \end{cases}$

(5) $\begin{cases} -x+4y=24 \\ -x-4y=-8 \end{cases}$　　　　　　　(6) $\begin{cases} 3x+6y=-1 \\ -3x+6y=-7 \end{cases}$

考え方　係数の絶対値が等しい文字は，同符号ならばひき，異符号ならばたして消去する。

▶解答

(1) $\begin{cases} x-y=5 & \cdots\cdots① \\ 2x+y=1 & \cdots\cdots② \end{cases}$

①，②の両辺をそれぞれたすと

$$
\begin{array}{r}
x-y=5 \\
+)\ \ 2x+y=1 \\
\hline
3x\ \ \ \ \ =6
\end{array}
$$

$$x=2$$

$x=2$ を①に代入すると

$$2-y=5$$
$$y=-3$$

答　$\begin{cases} \boldsymbol{x=2} \\ \boldsymbol{y=-3} \end{cases}$

(2) $\begin{cases} 2x+3y=7 & \cdots\cdots① \\ 2x-y=3 & \cdots\cdots② \end{cases}$

①，②の両辺をそれぞれひくと

$$
\begin{array}{r}
2x+3y=7 \\
-)\ \ 2x-y=3 \\
\hline
4y=4
\end{array}
$$

$$y=1$$

$y=1$ を①に代入すると

$$2x+3=7$$
$$2x=4$$
$$x=2$$

答　$\begin{cases} \boldsymbol{x=2} \\ \boldsymbol{y=1} \end{cases}$

(3) $\begin{cases} 4x+3y=13 & \cdots\cdots\text{①} \\ 2x+3y=8 & \cdots\cdots\text{②} \end{cases}$

　　①，②の両辺をそれぞれひくと

$$4x+3y=13$$
$$\underline{-)\ 2x+3y=8}$$
$$2x=5$$
$$x=\frac{5}{2}$$

$x=\dfrac{5}{2}$を①に代入すると

$$4\times\frac{5}{2}+3y=13$$
$$3y=3$$
$$y=1$$

答 $\begin{cases} \boldsymbol{x=\dfrac{5}{2}} \\ \boldsymbol{y=1} \end{cases}$

(4) $\begin{cases} 7x+3y=12 & \cdots\cdots\text{①} \\ -7x-y=-4 & \cdots\cdots\text{②} \end{cases}$

　　①，②の両辺をそれぞれたすと

$$7x+3y=12$$
$$\underline{+)\ -7x-\ y=-4}$$
$$2y=8$$
$$y=4$$

$y=4$を①に代入すると

$$7x+3\times4=12$$
$$7x=0$$
$$x=0$$

答 $\begin{cases} \boldsymbol{x=0} \\ \boldsymbol{y=4} \end{cases}$

(5) $\begin{cases} -x+4y=24 & \cdots\cdots\text{①} \\ -x-4y=-8 & \cdots\cdots\text{②} \end{cases}$

　　①＋②　　$-x+4y=24$

$$\underline{+)\ -x-4y=-8}$$
$$-2x=16$$
$$x=-8$$

$x=-8$を①に代入すると

$$8+4y=24$$
$$4y=16$$
$$y=4$$

答 $\begin{cases} \boldsymbol{x=-8} \\ \boldsymbol{y=4} \end{cases}$

(6) $\begin{cases} 3x+6y=-1 & \cdots\cdots\text{①} \\ -3x+6y=-7 & \cdots\cdots\text{②} \end{cases}$

　　①＋②　　　$3x+6y=-1$

$$\underline{+)\ -3x+6y=-7}$$
$$12y=-8$$
$$y=-\frac{2}{3}$$

$y=-\dfrac{2}{3}$を①に代入すると

$$3x-4=-1$$
$$3x=3$$
$$x=1$$

答 $\begin{cases} \boldsymbol{x=1} \\ \boldsymbol{y=-\dfrac{2}{3}} \end{cases}$

チャレンジ $\begin{cases} 4x-2y=0 \\ x+2y+3=3 \end{cases}$

考え方 　式を $ax+by=c$ の形に整理してから，連立方程式を解く。

▶解答

$$\begin{cases} 4x-2y=0 & \cdots\cdots① \\ x+2y+3=3 & \cdots\cdots② \end{cases}$$

②の式を整理すると，$x+2y=0$ $\cdots\cdots③$

①，③の両辺をそれぞれたすと

$$\begin{array}{r} 4x-2y=0 \\ +)\quad x+2y=0 \\ \hline 5x\quad\quad=0 \\ x=0 \end{array}$$

$x=0$ を①に代入すると

$$0-2y=0$$
$$-2y=0$$
$$y=0$$

答 $\begin{cases} \boldsymbol{x=0} \\ \boldsymbol{y=0} \end{cases}$

補充問題8 　次の連立方程式を解きなさい。（教科書P.215）

(1) $\begin{cases} x+y=5 \\ x-3y=-3 \end{cases}$ (2) $\begin{cases} 3x-y=0 \\ x-y=-2 \end{cases}$

(3) $\begin{cases} -9x+y=38 \\ -9x+5y=10 \end{cases}$ (4) $\begin{cases} 2x-7y=-3 \\ -2x+y=9 \end{cases}$

▶解答

(1) $\begin{cases} x+y=5 & \cdots\cdots① \\ x-3y=-3 & \cdots\cdots② \end{cases}$

①$-$②
$$\begin{array}{r} x+y=5 \\ -)\ x-3y=-3 \\ \hline 4y=8 \\ y=2 \end{array}$$

$y=2$ を①に代入すると
$$x+2=5$$
$$x=3$$

答 $\begin{cases} \boldsymbol{x=3} \\ \boldsymbol{y=2} \end{cases}$

(2) $\begin{cases} 3x-y=0 & \cdots\cdots① \\ x-y=-2 & \cdots\cdots② \end{cases}$

①$-$②
$$\begin{array}{r} 3x-y=0 \\ -)\ x-y=-2 \\ \hline 2x\quad=2 \\ x=1 \end{array}$$

$x=1$ を②に代入すると
$$1-y=-2$$
$$-y=-3$$
$$y=3$$

答 $\begin{cases} \boldsymbol{x=1} \\ \boldsymbol{y=3} \end{cases}$

(3) $\begin{cases} -9x+y=38 & \cdots\cdots① \\ -9x+5y=10 & \cdots\cdots② \end{cases}$

①$-$②
$$\begin{array}{r} -9x+y=38 \\ -)\ -9x+5y=10 \\ \hline -4y=28 \\ y=-7 \end{array}$$

$y=-7$ を①に代入すると
$$-9x-7=38$$
$$-9x=45$$
$$x=-5$$

答 $\begin{cases} \boldsymbol{x=-5} \\ \boldsymbol{y=-7} \end{cases}$

(4) $\begin{cases} 2x-7y=-3 & \cdots\cdots① \\ -2x+y=9 & \cdots\cdots② \end{cases}$

①$+$②
$$\begin{array}{r} 2x-7y=-3 \\ +)\ -2x+y=9 \\ \hline -6y=6 \\ y=-1 \end{array}$$

$y=-1$ を①に代入すると
$$2x+7=-3$$
$$2x=-10$$
$$x=-5$$

答 $\begin{cases} \boldsymbol{x=-5} \\ \boldsymbol{y=-1} \end{cases}$

3　加減法

基本事項ノート

→加減法

1つの文字の係数の絶対値をそろえてから，左辺どうし，右辺どうしをたしたり，ひいたりして，その文字を消去して解く方法を加減法という。

例
$$\begin{cases} 2x-3y=3 & \cdots\cdots① \\ -x+5y=2 & \cdots\cdots② \end{cases}$$

xの係数の絶対値をそろえるために，
②の式の両辺に2をかけると，

$-2x+10y=4$　　$\cdots\cdots③$

$$① + ③ \quad \begin{array}{r} 2x - 3y=3 \\ +)\ -2x+10y=4 \\ \hline 7y=7 \\ y=1 \end{array}$$

$y=1$を①に代入すると
$2x-3=3$
$2x=6$
$x=3$

答　$\begin{cases} x=3 \\ y=1 \end{cases}$

Q 連立方程式 $\begin{cases} x+3y=17 \\ 2x+y=14 \end{cases}$ の解き方を考えてみましょう。

問1 **Q** の連立方程式は，どのように考えれば解けるでしょうか。

▶解答
$$\begin{cases} x + 3y =17 & \cdots\cdots① \\ 2x + y =14 & \cdots\cdots② \end{cases}$$

xの係数の絶対値をそろえるために，
①の式の両辺に2をかけると，

$2x + 6y =34$　　$\cdots\cdots③$

$$\begin{array}{l} ③ \\ ② \end{array} \quad \begin{array}{r} 2x + 6y =34 \\ -)\ 2x + y =14 \\ \hline 5y =20 \\ y =4 \end{array}$$

$y=4$を①に代入すると，
$x + 12=17$
$x=5$

答　$\begin{cases} x=5 \\ y=4 \end{cases}$

問2 **Q** の連立方程式を，yを消去して解きなさい。

考え方 yの係数がそれぞれ3，1だから，②の式の両辺を3倍して，yの係数を3にそろえてyを消去する。

▶解答
$$\begin{cases} x+3y=17 & \cdots\cdots① \\ 2x+y=14 & \cdots\cdots② \end{cases}$$

$$\begin{array}{l} ① \\ ②×3 \end{array} \quad \begin{array}{r} x+3y=17 \\ -)\ 6x+3y=42 \\ \hline -5x \quad\ =-25 \\ x=5 \end{array}$$

$x=5$を①に代入すると
$5+3y=17$
$3y=12$
$y=4$

答　$\begin{cases} x=5 \\ y=4 \end{cases}$

問3 次の連立方程式を，加減法で解きなさい。

(1) $\begin{cases} 2x+y=11 \\ 3x-2y=6 \end{cases}$ 　　　　(2) $\begin{cases} 5x+4y=-6 \\ x+3y=1 \end{cases}$

(3) $\begin{cases} x-y=-1 \\ 4x+3y=17 \end{cases}$ 　　　　(4) $\begin{cases} 5x-6y=-14 \\ 2x-3y=-5 \end{cases}$

考え方 一方の方程式の両辺を何倍かして，1つの文字の係数の絶対値をそろえてから，たすかひくかすれば，その文字が消去できる。

▶解答

(1) $\begin{cases} 2x+y=11 & \cdots\cdots① \\ 3x-2y=6 & \cdots\cdots② \end{cases}$

$\begin{array}{rr} ①×2 & 4x+2y=22 \\ ② & +)\ \ 3x-2y=6 \\ \hline & 7x\ \ \ \ \ \ =28 \\ & x=4 \end{array}$

$x=4$ を①に代入すると

$\quad 8+y=11$

$\qquad y=3$

答 $\begin{cases} \boldsymbol{x=4} \\ \boldsymbol{y=3} \end{cases}$

(2) $\begin{cases} 5x+4y=-6 & \cdots\cdots① \\ x+3y=1 & \cdots\cdots② \end{cases}$

$\begin{array}{rr} ① & 5x+\ 4y=-6 \\ ②×5 & -)\ \ 5x+15y=5 \\ \hline & -11y=-11 \\ & y=1 \end{array}$

$y=1$ を②に代入すると

$\quad x+3=1$

$\qquad x=-2$

答 $\begin{cases} \boldsymbol{x=-2} \\ \boldsymbol{y=1} \end{cases}$

(3) $\begin{cases} x-y=-1 & \cdots\cdots① \\ 4x+3y=17 & \cdots\cdots② \end{cases}$

$\begin{array}{rr} ①×3 & 3x-3y=-3 \\ ② & +)\ \ 4x+3y=17 \\ \hline & 7x\ \ \ \ \ \ =14 \\ & x=2 \end{array}$

$x=2$ を①に代入すると

$\quad 2-y=-1$

$\quad -y=-3$

$\qquad y=3$

答 $\begin{cases} \boldsymbol{x=2} \\ \boldsymbol{y=3} \end{cases}$

(4) $\begin{cases} 5x-6y=-14 & \cdots\cdots① \\ 2x-3y=-5 & \cdots\cdots② \end{cases}$

$\begin{array}{rr} ① & 5x-6y=-14 \\ ②×2 & -)\ \ 4x-6y=-10 \\ \hline & x\ \ \ \ \ \ =-4 \end{array}$

$x=-4$ を②に代入すると

$\quad -8-3y=-5$

$\quad -3y=3$

$\qquad y=-1$

答 $\begin{cases} \boldsymbol{x=-4} \\ \boldsymbol{y=-1} \end{cases}$

問4 **例1**の連立方程式を，yを消去して解きなさい。

▶解答

$$\begin{cases} 2x + 3y = 3 & \cdots\cdots① \\ -3x + 8y = -17 & \cdots\cdots② \end{cases}$$

$$\begin{array}{ll} ①\times 8 & 16x + 24y = 24 \\ ②\times 3 & \underline{-)\ -9x + 24y = -51} \\ & \quad 25x \qquad\quad = 75 \\ & \qquad\quad x = 3 \end{array}$$

$x=3$を①に代入すると，

$$6 + 3y = 3$$
$$3y = -3$$
$$y = -1$$

答 $\begin{cases} x = 3 \\ y = -1 \end{cases}$

問5 次の連立方程式を，加減法で解きなさい。

(1) $\begin{cases} 4x + 3y = 2 \\ 5x + 4y = 2 \end{cases}$　　　　(2) $\begin{cases} 3a - 2b = 18 \\ 2a + 3b = -1 \end{cases}$

(3) $\begin{cases} 4x - 5y = -6 \\ 6x - 7y = -8 \end{cases}$　　　　(4) $\begin{cases} 7x - 3y = 17 \\ -2x + 4y = -8 \end{cases}$

考え方 2つの式の1つの文字に着目して，その文字の係数の絶対値をそろえ，消去する。

▶解答

(1) $\begin{cases} 4x + 3y = 2 & \cdots\cdots① \\ 5x + 4y = 2 & \cdots\cdots② \end{cases}$

$$\begin{array}{ll} ①\times 5 & 20x + 15y = 10 \\ ②\times 4 & \underline{-)\ 20x + 16y = 8} \\ & \qquad\quad -y = 2 \\ & \qquad\quad\ y = -2 \end{array}$$

$y = -2$ を①に代入すると

$$4x - 6 = 2$$
$$4x = 8$$
$$x = 2$$

答 $\begin{cases} x = 2 \\ y = -2 \end{cases}$

(2) $\begin{cases} 3a - 2b = 18 & \cdots\cdots① \\ 2a + 3b = -1 & \cdots\cdots② \end{cases}$

$$\begin{array}{ll} ①\times 3 & 9a - 6b = 54 \\ ②\times 2 & \underline{+)\ 4a + 6b = -2} \\ & \quad 13a \qquad\quad = 52 \\ & \qquad\ a = 4 \end{array}$$

$a = 4$を②に代入すると

$$8 + 3b = -1$$
$$3b = -9$$
$$b = -3$$

答 $\begin{cases} a = 4 \\ b = -3 \end{cases}$

(3) $\begin{cases} 4x - 5y = -6 & \cdots\cdots① \\ 6x - 7y = -8 & \cdots\cdots② \end{cases}$

$$\begin{array}{ll} ①\times 3 & 12x - 15y = -18 \\ ②\times 2 & \underline{-)\ 12x - 14y = -16} \\ & \qquad\quad -y = -2 \\ & \qquad\quad\ y = 2 \end{array}$$

$y = 2$を①に代入すると

$$4x - 10 = -6$$
$$4x = 4$$
$$x = 1$$

答 $\begin{cases} x = 1 \\ y = 2 \end{cases}$

(4) $\begin{cases} 7x-3y=17 & \cdots\cdots① \\ -2x+4y=-8 & \cdots\cdots② \end{cases}$

$①×4$　　　　　$28x-12y=68$

$②×3$　　$+)\ -6x+12y=-24$

　　　　　　　　$22x\qquad\ =44$

　　　　　　　　　　$x=2$

$x=2$ を①に代入すると

　　$14-3y=17$

　　　$-3y=3$

　　　　$y=-1$

答　$\begin{cases} \boldsymbol{x=2} \\ \boldsymbol{y=-1} \end{cases}$

補充問題9　次の連立方程式を解きなさい。（教科書P.215）

(1) $\begin{cases} x+2y=2 \\ 2x+3y=-1 \end{cases}$ 　　(2) $\begin{cases} -4x-y=-2 \\ 5x+4y=-3 \end{cases}$ 　　(3) $\begin{cases} 9x-8y=-18 \\ -3x+4y=6 \end{cases}$

(4) $\begin{cases} 4x+7y=12 \\ 5x+6y=4 \end{cases}$ 　　(5) $\begin{cases} 6x-7y=-13 \\ -4x+3y=-3 \end{cases}$ 　　(6) $\begin{cases} 2x+15y=7 \\ 9x-10y=16 \end{cases}$

▶解答

(1) $\begin{cases} x+2y=2 & \cdots\cdots① \\ 2x+3y=-1 & \cdots\cdots② \end{cases}$

$①×2$　　　$2x+4y=4$

$②$　　　$-)\ 2x+3y=-1$

　　　　　　　　　$y=5$

$y=5$ を①に代入すると

　　$x+10=2$

　　　$x=-8$

答　$\begin{cases} \boldsymbol{x=-8} \\ \boldsymbol{y=5} \end{cases}$

(2) $\begin{cases} -4x-y=-2 & \cdots\cdots① \\ 5x+4y=-3 & \cdots\cdots② \end{cases}$

$①×4$　　　$-16x-4y=-8$

$②$　　$+)\ \ \ 5x+4y=-3$

　　　　　$-11x\qquad =-11$

　　　　　　　　$x=1$

$x=1$ を①に代入すると

　　$-4-y=-2$

　　　$-y=2$

　　　　$y=-2$

答　$\begin{cases} \boldsymbol{x=1} \\ \boldsymbol{y=-2} \end{cases}$

(3) $\begin{cases} 9x-8y=-18 & \cdots\cdots① \\ -3x+4y=6 & \cdots\cdots② \end{cases}$

$①$　　　　　　$9x-8y=-18$

$②×2$　$+)\ -6x+8y=12$

　　　　　　$3x\qquad =-6$

　　　　　　　　$x=-2$

$x=-2$ を②に代入すると

　　$6+4y=6$

　　$4y=0$

　　$y=0$

答　$\begin{cases} \boldsymbol{x=-2} \\ \boldsymbol{y=0} \end{cases}$

(4) $\begin{cases} 4x+7y=12 & \cdots\cdots① \\ 5x+6y=4 & \cdots\cdots② \end{cases}$

$①×5$　　　$20x+35y=60$

$②×4$　$-)\ 20x+24y=16$

　　　　　　　　$11y=44$

　　　　　　　　$y=4$

$y=4$ を①に代入すると

　　$4x+28=12$

　　　$4x=-16$

　　　　$x=-4$

答　$\begin{cases} \boldsymbol{x=-4} \\ \boldsymbol{y=4} \end{cases}$

(5) $\begin{cases} 6x-7y=-13 & \cdots\cdots① \\ -4x+3y=-3 & \cdots\cdots② \end{cases}$

①×2　　　　　$12x-14y=-26$

②×3　$+)\ -12x+9y=-9$
　　　　　　　　　$-5y=-35$
　　　　　　　　　　　$y=7$

$y=7$を②に代入すると
　　$-4x+21=-3$
　　　$-4x=-24$
　　　　$x=6$

答　$\begin{cases} x=6 \\ y=7 \end{cases}$

(6) $\begin{cases} 2x+15y=7 & \cdots\cdots① \\ 9x-10y=16 & \cdots\cdots② \end{cases}$

①×2　　　　　$4x+30y=14$

②×3　$+)\ \ 27x-30y=48$
　　　　　　$31x\ \ \ \ \ \ \ \ =62$
　　　　　　　　　　$x=2$

$x=2$を①に代入すると
　　$4+15y=7$
　　　$15y=3$
　　　　$y=\dfrac{1}{5}$

答　$\begin{cases} x=2 \\ y=\dfrac{1}{5} \end{cases}$

4　代入法

基本事項ノート

→代入法

　連立方程式の一方の方程式を1つの文字について解き，それを他方の方程式に代入して解く方法を代入法という。

例）$\begin{cases} y=x-3 & \cdots\cdots① \\ x-2y=1 & \cdots\cdots② \end{cases}$

①を使って②の y を $x-3$ におきかえると
　　$x-2(x-3)=1$
　　$x-2x+6=1$　これを解いて　$x=5$

$x=5$を①に代入すると
　$y=5-3$
　$y=2$

答　$\begin{cases} x=5 \\ y=2 \end{cases}$

Q　ニンジン3本とトマト1個の代金は210円です。また，トマト1個の値段は，ニンジン2本の代金より10円高いそうです。トマト1個とニンジン1本の値段をそれぞれ求めるには，どうすればよいでしょう。

問1　Q のことがらについて，ニンジン1本，トマト1個の値段の求め方を，右の図を使って考えましょう。

▶解答　トマト1個の値段はニンジン2本と10円の和なので，
ニンジン3本とトマト1個の代金は，ニンジン5本の
代金と10円の和と同じであることがわかる。
したがって，ニンジン5本の値段は200円とわかる
ので，ニンジン1本の値段は，$200\div5=40$（円）で
ある。また，トマト1個の値段は，$40\times2+10=90$
（円）である。

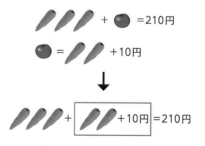

問2　連立方程式 $\begin{cases} x-y=15 \\ x=4y-3 \end{cases}$ を，代入法で解きなさい。

▶**解答**　$\begin{cases} x-y=15 & \cdots\cdots① \\ x=4y-3 & \cdots\cdots② \end{cases}$

②を①に代入して x を消去すると

$$4y-3-y=15$$
$$3y-3=15$$
$$3y=18$$
$$y=6$$

$y=6$ を②に代入すると，
$$x=24-3$$
$$x=21$$

答 $\begin{cases} \boldsymbol{x=21} \\ \boldsymbol{y=6} \end{cases}$

問3　次の連立方程式を，代入法で解きなさい。

(1) $\begin{cases} y=2x+1 \\ 3x+2y=9 \end{cases}$　　　　(2) $\begin{cases} -3x+5y=14 \\ x=2y-5 \end{cases}$

(3) $\begin{cases} y=2x+3 \\ y=x+1 \end{cases}$　　　　(4) $\begin{cases} x=-2y+5 \\ y=3x-8 \end{cases}$

▶**解答**

(1) $\begin{cases} y=2x+1 & \cdots\cdots① \\ 3x+2y=9 & \cdots\cdots② \end{cases}$

①を②に代入して y を消去すると

$$3x+2(2x+1)=9$$
$$3x+4x+2=9$$
$$7x=7$$
$$x=1$$

$x=1$ を①に代入すると
$$y=2×1+1$$
$$y=3$$

答 $\begin{cases} \boldsymbol{x=1} \\ \boldsymbol{y=3} \end{cases}$

(2) $\begin{cases} -3x+5y=14 & \cdots\cdots① \\ x=2y-5 & \cdots\cdots② \end{cases}$

②を①に代入して x を消去すると

$$-3(2y-5)+5y=14$$
$$-6y+15+5y=14$$
$$-y=-1$$
$$y=1$$

$y=1$ を②に代入すると，
$$x=2-5$$
$$x=-3$$

答 $\begin{cases} \boldsymbol{x=-3} \\ \boldsymbol{y=1} \end{cases}$

(3) $\begin{cases} y=2x+3 & \cdots\cdots① \\ y=x+1 & \cdots\cdots② \end{cases}$

①を②に代入して y を消去すると

$$2x+3=x+1$$
$$x=-2$$

$x=-2$ を②に代入すると
$$y=-2+1$$
$$y=-1$$

答 $\begin{cases} \boldsymbol{x=-2} \\ \boldsymbol{y=-1} \end{cases}$

(4) $\begin{cases} x=-2y+5 & \cdots\cdots① \\ y=3x-8 & \cdots\cdots② \end{cases}$

①を②に代入して x を消去すると

$y=3(-2y+5)-8$

$y=-6y+15-8$

$7y=7$

$y=1$

$y=1$ を①に代入すると

$x=-2\times1+5$

$x=3$

答 $\begin{cases} \boldsymbol{x=3} \\ \boldsymbol{y=1} \end{cases}$

問4 次の連立方程式のいろいろな解き方を考えましょう。

それらの解き方に共通するのは，どんなことですか。

(1) $\begin{cases} -3x+4y=-15 \\ x-3y=0 \end{cases}$　　(2) $\begin{cases} 2y=3x+14 \\ x-2y=-10 \end{cases}$

考え方 加減法と代入法，その他にもないか考えてみる。

▶解答 (1)・加減法で解く。

$\begin{cases} -3x+4y=-15 & \cdots\cdots① \\ x-3y=0 & \cdots\cdots② \end{cases}$

$\begin{array}{r} ①\qquad\quad -3x+4y=-15 \\ ②\times3\quad +)\ \ 3x-9y=\ \ \ 0 \\ \hline -5y=-15 \\ y=\ \ \ 3 \end{array}$

・代入法で解く。

$\begin{cases} -3x+4y=-15 & \cdots\cdots① \\ x-3y=0 & \cdots\cdots② \end{cases}$

②を x について解くと

$x=3y\qquad\qquad\cdots\cdots③$

③を①に代入すると

$-3\times3y+4y=-15$

$-9y+4y=-15$

$-5y=-15$

$y=3$

$y=3$ を②に代入すると

$x-3\times3=0$

$x-9=0$

$x=9$

答 $\begin{cases} \boldsymbol{x=9} \\ \boldsymbol{y=3} \end{cases}$

$y=3$ を③に代入すると

$x=3\times3$

$\quad=9$

答 $\begin{cases} \boldsymbol{x=9} \\ \boldsymbol{y=3} \end{cases}$

(2)・加減法で解く。

$\begin{cases} 2y=3x+14 & \cdots\cdots① \\ x-2y=-10 & \cdots\cdots② \end{cases}$

①の右辺の $3x$ を移項すると

$-3x+2y=14\qquad\cdots\cdots③$

$\begin{cases} -3x+2y=14 & \cdots\cdots③ \\ x-2y=-10 & \cdots\cdots② \end{cases}$

③，②の左辺どうし，右辺どうしを
それぞれたすと

$\begin{array}{r} -3x+2y=\ \ \ 14 \\ +)\ \ \ x-2y=-10 \\ \hline -2x\qquad\ \ =\ \ \ \ 4 \\ x=-2 \end{array}$

$x=-2$ を①に代入すると

$2y=3\times(-2)+14$

$2y=8$

$y=4$

答 $\begin{cases} \boldsymbol{x=-2} \\ \boldsymbol{y=4} \end{cases}$

・代入法で解く。

$$\begin{cases} 2y = 3x + 14 & \cdots\cdots ① \\ x - 2y = -10 & \cdots\cdots ② \end{cases}$$

②を x について解くと

$$x = 2y - 10 \qquad \cdots\cdots ③$$

③を①に代入すると

$$2y = 3(2y - 10) + 14$$
$$2y = 6y - 30 + 14$$
$$-4y = -16$$
$$y = 4$$

$y = 4$ を②に代入すると

$$x - 2 \times 4 = -10$$
$$x = -2$$

答 $\begin{cases} \boldsymbol{x = -2} \\ \boldsymbol{y = 4} \end{cases}$

・その他

$$\begin{cases} 2y = 3x + 14 & \cdots\cdots ① \\ x - 2y = -10 & \cdots\cdots ② \end{cases}$$

①より，$2y$ と $3x + 14$ は等しいから，②の $2y$ を $3x + 14$ におきかえる。

$$x - (3x + 14) = -10$$
$$x - 3x - 14 = -10$$
$$-2x = 4$$
$$x = -2$$

$x = -2$ を①に代入すると

$$2y = 3 \times (-2) + 14$$
$$2y = -6 + 14$$
$$2y = 8$$
$$y = 4$$

答 $\begin{cases} \boldsymbol{x = -2} \\ \boldsymbol{y = 4} \end{cases}$

（いろいろな解き方に共通すること）

どの解き方でも，2つの2元1次方程式から1つの文字を消去して，1元1次方程式を導いている。

補充問題10　次の連立方程式を解きなさい。（教科書P.215）

(1) $\begin{cases} 5x - y = -8 \\ y = 3x + 4 \end{cases}$　　(2) $\begin{cases} x = 2y - 3 \\ 3x - 2y = 7 \end{cases}$　　(3) $\begin{cases} 2x - 3y = 16 \\ y = x - 7 \end{cases}$

(4) $\begin{cases} y = 9x + 5 \\ y = -5x - 2 \end{cases}$　　(5) $\begin{cases} -2x + 3y = 16 \\ x = 6 - 2y \end{cases}$　　(6) $\begin{cases} 3x = 2y + 13 \\ 3x + 4y = -17 \end{cases}$

▶解答

(1) $\begin{cases} 5x - y = -8 & \cdots\cdots ① \\ y = 3x + 4 & \cdots\cdots ② \end{cases}$

②を①に代入して y を消去すると

$$5x - (3x + 4) = -8$$
$$5x - 3x - 4 = -8$$
$$2x = -4$$
$$x = -2$$

$x = -2$ を②に代入すると

$$y = 3 \times (-2) + 4$$
$$y = -2$$

答 $\begin{cases} \boldsymbol{x = -2} \\ \boldsymbol{y = -2} \end{cases}$

(2) $\begin{cases} x=2y-3 & \cdots\cdots① \\ 3x-2y=7 & \cdots\cdots② \end{cases}$

①を②に代入して x を消去すると

$$3(2y-3)-2y=7$$
$$6y-9-2y=7$$
$$4y=16$$
$$y=4$$

$y=4$ を①に代入すると

$$x=2\times4-3$$
$$x=5$$

答　$\begin{cases} x=5 \\ y=4 \end{cases}$

(3) $\begin{cases} 2x-3y=16 & \cdots\cdots① \\ y=x-7 & \cdots\cdots② \end{cases}$

②を①に代入して y を消去すると

$$2x-3(x-7)=16$$
$$2x-3x+21=16$$
$$-x=-5$$
$$x=5$$

$x=5$ を②に代入すると

$$y=5-7$$
$$y=-2$$

答　$\begin{cases} x=5 \\ y=-2 \end{cases}$

(4) $\begin{cases} y=9x+5 & \cdots\cdots① \\ y=-5x-2 & \cdots\cdots② \end{cases}$

①を②に代入して y を消去すると

$$9x+5=-5x-2$$
$$14x=-7$$
$$x=-\frac{1}{2}$$

$x=-\dfrac{1}{2}$ を①に代入すると

$$y=9\times\left(-\frac{1}{2}\right)+5$$
$$y=\frac{1}{2}$$

答　$\begin{cases} x=-\dfrac{1}{2} \\ y=\dfrac{1}{2} \end{cases}$

(5) $\begin{cases} -2x+3y=16 & \cdots\cdots① \\ x=6-2y & \cdots\cdots② \end{cases}$

②を①に代入して x を消去すると

$$-2(6-2y)+3y=16$$
$$-12+4y+3y=16$$
$$7y=28$$
$$y=4$$

$y=4$ を②に代入すると,

$$x=6-8$$
$$x=-2$$

答　$\begin{cases} x=-2 \\ y=4 \end{cases}$

(6) $\begin{cases} 3x=2y+13 & \cdots\cdots① \\ 3x+4y=-17 & \cdots\cdots② \end{cases}$

①を②に代入して x を消去すると

$$(2y+13)+4y=-17$$
$$6y+13=-17$$
$$6y=-30$$
$$y=-5$$

$y=-5$ を②に代入すると

$$3x-20=-17$$
$$3x=3$$
$$x=1$$

答　$\begin{cases} x=1 \\ y=-5 \end{cases}$

5　いろいろな連立方程式

基本事項ノート

➡かっこがある連立方程式

連立方程式にかっこがある場合は，分配法則を使ってかっこをはずし，$ax+by=c$の形に整理してから連立方程式を解く。

例　$\begin{cases} 3x-5(x-y)=-7 & \cdots\cdots① \\ -x+2y=-3 & \cdots\cdots② \end{cases}$

　　この場合，①の式のかっこをはずして整理すると　$-2x+5y=-7$　$\cdots\cdots③$　となる。

　　②と③で連立方程式を解くと　$\begin{cases} x=1 \\ y=-1 \end{cases}$

➡係数に小数や分数をふくむ連立方程式

係数が小数や分数のときは，先に両辺に適当な数をかけて，すべての係数を整数にしてから連立方程式を解く。

例　$\begin{cases} 0.3x-0.4y=1.1 & \cdots\cdots① \\ 3x-2y=1 & \cdots\cdots② \end{cases}$　　　　　　$y=-5$ を②に代入すると

　　①の両辺に10をかけると，　　　　　　　　　　　　$3x+10=1$

　　　$3x-4y=11$　　　$\cdots\cdots③$　　　　　　　　　　　$3x=-9$

　　②　　　　　　$3x-2y=1$　　　　　　　　　　　　　　$x=-3$

　　③　　$-)$　$3x-4y=11$　　　　　　　　　　　　　答　$\begin{cases} \boldsymbol{x=-3} \\ \boldsymbol{y=-5} \end{cases}$

　　　　　　　　　　$2y=-10$

　　　　　　　　　　$y=-5$

➡$A=B=C$の形の方程式

$\begin{cases} A=B \\ A=C \end{cases}$　$\begin{cases} A=B \\ B=C \end{cases}$　$\begin{cases} A=C \\ B=C \end{cases}$　のいずれかの連立方程式にして解く。

例　$3x+2y=-x-6y=-4$　　　　　　　　$y=1$を①に代入すると

　　　$\begin{cases} 3x+2y=-4 & \cdots\cdots① \\ -x-6y=-4 & \cdots\cdots② \end{cases}$　として解く。　　　$3x+2=-4$

　　①　　　　　　　$3x+2y=-4$　　　　　　　　　　　　$x=-2$

　　②×3　$+)$　$-3x-18y=-12$　　　　　　　　　答　$\begin{cases} \boldsymbol{x=-2} \\ \boldsymbol{y=1} \end{cases}$

　　　　　　　　　$-16y=-16$

　　　　　　　　　　　$y=1$

問1　**例1**の連立方程式を解きなさい。

考え方　②の式のかっこをはずし，$ax+by=c$ の形に整理してから連立方程式を解く。

▶**解答**　②の式を整理すると　$5x-3y=7$ ……③

$$\begin{cases} 5x+2y=12 & \cdots\cdots① \\ 5x-3y=7 & \cdots\cdots③ \end{cases}$$

①－③

$$\begin{array}{r} 5x+2y=12 \\ -)\ 5x-3y=7 \\ \hline 5y=5 \\ y=1 \end{array}$$

$y=1$を①に代入すると

$$5x+2=12$$
$$5x=10$$
$$x=2$$

答　$\begin{cases} \boldsymbol{x=2} \\ \boldsymbol{y=1} \end{cases}$

問2　次の連立方程式を解きなさい。

(1) $\begin{cases} 3x+2(x-y)=14 \\ x+2y=10 \end{cases}$　　(2) $\begin{cases} 2x-y=-1 \\ 2x=3(y-2)+7 \end{cases}$

考え方　かっこがある式はかっこをはずし，$ax+by=c$の形に整理してから連立方程式を解く。

▶**解答**

(1) $\begin{cases} 3x+2(x-y)=14 & \cdots\cdots① \\ x+2y=10 & \cdots\cdots② \end{cases}$

①の式を整理すると

$$3x+2x-2y=14$$
$$5x-2y=14 \quad\cdots\cdots③$$

③と②で連立方程式を解くと

$$\begin{cases} 5x-2y=14 & \cdots\cdots③ \\ x+2y=10 & \cdots\cdots② \end{cases}$$

③＋②

$$\begin{array}{r} 5x-2y=14 \\ +)\ \ x+2y=10 \\ \hline 6x\quad\ =24 \\ x=4 \end{array}$$

$x=4$を②に代入すると

$$4+2y=10$$
$$2y=6$$
$$y=3$$

答　$\begin{cases} \boldsymbol{x=4} \\ \boldsymbol{y=3} \end{cases}$

(2) $\begin{cases} 2x-y=-1 & \cdots\cdots① \\ 2x=3(y-2)+7 & \cdots\cdots② \end{cases}$

②の式を整理すると

$$2x=3y-6+7$$
$$2x-3y=1 \quad\cdots\cdots③$$

①と③で連立方程式を解くと

$$\begin{cases} 2x-y=-1 & \cdots\cdots① \\ 2x-3y=1 & \cdots\cdots③ \end{cases}$$

①－③

$$\begin{array}{r} 2x-\ y=-1 \\ -)\ \ 2x-3y=1 \\ \hline 2y=-2 \\ y=-1 \end{array}$$

$y=-1$を①に代入すると

$$2x+1=-1$$
$$2x=-2$$
$$x=-1$$

答　$\begin{cases} \boldsymbol{x=-1} \\ \boldsymbol{y=-1} \end{cases}$

問3　**例2**の連立方程式を解きなさい。

考え方　②の式の両辺に10をかけ，係数を整数にしてから連立方程式を解く。

▶**解答**　②の式の両辺に10をかけると　$2x+5y=-4$ ……③

$$\begin{cases} 3x-2y=13 & \cdots\cdots① \\ 2x+5y=-4 & \cdots\cdots③ \end{cases}$$

①×2

③×3

$$\begin{array}{r} 6x-\ 4y=26 \\ -)\ \ 6x+15y=-12 \\ \hline -19y=38 \\ y=-2 \end{array}$$

$y=-2$を①に代入すると

$$3x+4=13$$
$$3x=9$$
$$x=3$$

答　$\begin{cases} \boldsymbol{x=3} \\ \boldsymbol{y=-2} \end{cases}$

問4　次の連立方程式を解きなさい。

(1) $\begin{cases} 0.4x - 0.7y = 1.1 \\ 2x - 5y = 1 \end{cases}$　　　　　　(2) $\begin{cases} 6x + 5y = 4 \\ 0.2x + 0.3y = 2 \end{cases}$

考え方　両辺に適当な数をかけて，小数を整数にしてから連立方程式を解く。

▶解答

(1) $\begin{cases} 0.4x - 0.7y = 1.1 & \cdots\cdots① \\ 2x - 5y = 1 & \cdots\cdots② \end{cases}$

$① \times 10 \quad 4x - 7y = 11 \quad \cdots\cdots③$

$\quad\quad ② \times 2 \quad\quad 4x - 10y = 2$

$\quad\quad ③ \quad \underline{-) \quad 4x - 7y = 11}$

$\quad\quad\quad\quad\quad\quad\quad -3y = -9$

$\quad\quad\quad\quad\quad\quad\quad\quad y = 3$

$y = 3$ を②に代入すると

$\quad 2x - 15 = 1$

$\quad\quad 2x = 16$

$\quad\quad\quad x = 8$

答 $\begin{cases} \boldsymbol{x = 8} \\ \boldsymbol{y = 3} \end{cases}$

(2) $\begin{cases} 6x + 5y = 4 & \cdots\cdots① \\ 0.2x + 0.3y = 2 & \cdots\cdots② \end{cases}$

$② \times 10 \quad 2x + 3y = 20 \quad \cdots\cdots③$

$\quad\quad ① \quad\quad\quad\quad 6x + 5y = 4$

$\quad\quad ③ \times 3 \quad \underline{-) \quad 6x + 9y = 60}$

$\quad\quad\quad\quad\quad\quad\quad\quad -4y = -56$

$\quad\quad\quad\quad\quad\quad\quad\quad\quad y = 14$

$y = 14$ を①に代入すると

$\quad 6x + 70 = 4$

$\quad\quad 6x = -66$

$\quad\quad\quad x = -11$

答 $\begin{cases} \boldsymbol{x = -11} \\ \boldsymbol{y = 14} \end{cases}$

注　(2) 両辺に 10 をかけるとき，整数も 10 倍するのを忘れないようにする。

チャレンジ1

(1) $\begin{cases} 2.4x + 0.8y = 0 \\ -0.5x + 0.2y = 3.3 \end{cases}$　　　　　　(2) $\begin{cases} -x + 0.9y = -2 \\ x - 0.1y = -6 \end{cases}$

▶解答

(1) $\begin{cases} 2.4x + 0.8y = 0 & \cdots\cdots① \\ -0.5x + 0.2y = 3.3 & \cdots\cdots② \end{cases}$

$① \times 10 \quad 24x + 8y = 0 \quad \cdots\cdots③$

$② \times 10 \quad -5x + 2y = 33 \quad \cdots\cdots④$

$\quad\quad ③ \times \dfrac{1}{4} \quad\quad 6x + 2y = 0$

$\quad\quad ④ \quad \underline{-) \quad -5x + 2y = 33}$

$\quad\quad\quad\quad\quad\quad 11x \quad\quad = -33$

$\quad\quad\quad\quad\quad\quad\quad\quad x = -3$

$x = -3$ を③に代入すると

$\quad -72 + 8y = 0$

$\quad\quad 8y = 72$

$\quad\quad\quad y = 9$

答 $\begin{cases} \boldsymbol{x = -3} \\ \boldsymbol{y = 9} \end{cases}$

(2) $\begin{cases} -x + 0.9y = -2 & \cdots\cdots① \\ x - 0.1y = -6 & \cdots\cdots② \end{cases}$

$① \times 10 \quad -10x + 9y = -20 \quad \cdots\cdots③$

$② \times 10 \quad 10x - y = -60 \quad \cdots\cdots④$

$\quad\quad ③ + ④ \quad -10x + 9y = -20$

$\quad\quad\quad\quad\quad\quad \underline{+) \quad 10x - y = -60}$

$\quad\quad\quad\quad\quad\quad\quad\quad 8y = -80$

$\quad\quad\quad\quad\quad\quad\quad\quad\quad y = -10$

$y = -10$ を③に代入すると

$\quad -10x - 90 = -20$

$\quad\quad -10x = 70$

$\quad\quad\quad x = -7$

答 $\begin{cases} \boldsymbol{x = -7} \\ \boldsymbol{y = -10} \end{cases}$

問5　**例3**の連立方程式を解きなさい。

考え方　②の式の両辺に6をかけ，係数を整数にしてから連立方程式を解く。

▶解答　②の式の両辺に6をかけると　$3x-2y=6$　……③

$$\begin{cases} 3x+y=15 & \cdots\cdots① \\ 3x-2y=6 & \cdots\cdots③ \end{cases}$$

$①-③$
$$\begin{array}{r} 3x+y=15 \\ -)\ \ 3x-2y=6 \\ \hline 3y=9 \\ y=3 \end{array}$$

$y=3$を①に代入すると
$$3x+3=15$$
$$3x=12$$
$$x=4$$

答　$\begin{cases} \boldsymbol{x=4} \\ \boldsymbol{y=3} \end{cases}$

問6　次の連立方程式を解きなさい。

(1) $\begin{cases} \dfrac{x}{2}+\dfrac{y}{4}=1 \\ 3x+2y=7 \end{cases}$ 　　　(2) $\begin{cases} 2x-y=8 \\ \dfrac{3}{5}x-\dfrac{1}{2}y=2 \end{cases}$

考え方　両辺に分母の最小公倍数をかけて，分数を整数にしてから解く。

▶解答
(1) $\begin{cases} \dfrac{x}{2}+\dfrac{y}{4}=1 & \cdots\cdots① \\ 3x+2y=7 & \cdots\cdots② \end{cases}$

$①\times4$　$2x+y=4$　……③

$$\begin{array}{l} ② \qquad\quad 3x+2y=7 \\ ③\times2 \quad -)\ \ 4x+2y=8 \\ \hline \qquad\qquad -x \quad\ \ =-1 \\ \qquad\qquad\quad x=1 \end{array}$$

$x=1$を②に代入すると
$$3+2y=7$$
$$2y=4$$
$$y=2$$

答　$\begin{cases} \boldsymbol{x=1} \\ \boldsymbol{y=2} \end{cases}$

(2) $\begin{cases} 2x-y=8 & \cdots\cdots① \\ \dfrac{3}{5}x-\dfrac{1}{2}y=2 & \cdots\cdots② \end{cases}$

$②\times10$　$6x-5y=20$　……③

$$\begin{array}{l} ①\times3 \qquad 6x-3y=24 \\ ③ \qquad -)\ \ 6x-5y=20 \\ \hline \qquad\qquad\quad 2y=4 \\ \qquad\qquad\quad\ y=2 \end{array}$$

$y=2$を①に代入すると
$$2x-2=8$$
$$2x=10$$
$$x=5$$

答　$\begin{cases} \boldsymbol{x=5} \\ \boldsymbol{y=2} \end{cases}$

チャレンジ2　$\begin{cases} 0.12a+0.03b=0.03 \\ \dfrac{1}{5}a+\dfrac{1}{30}b=0 \end{cases}$

考え方　2つの式の係数を整数にするために，①の式の両辺には100をかけ，②の式の両辺には30をかける。

▶解答
$$\begin{cases} 0.12a + 0.03b = 0.03 & \cdots\cdots① \\ \dfrac{1}{5}a + \dfrac{1}{30}b = 0 & \cdots\cdots② \end{cases}$$

①×100　$12a + 3b = 3$　　$\cdots\cdots③$

②×30　　$6a + b = 0$　　　$\cdots\cdots④$

$$\begin{array}{rl} ③ & 12a + 3b = 3 \\ ④×2 \quad -) & 12a + 2b = 0 \\ \hline & b = 3 \end{array}$$

$b = 3$ を④に代入すると
$$6a + 3 = 0$$
$$6a = -3$$
$$a = -\dfrac{1}{2}$$

答　$\begin{cases} \boldsymbol{a = -\dfrac{1}{2}} \\ \boldsymbol{b = 3} \end{cases}$

問7　**例4**の方程式を解きなさい。

考え方　2つの式に分けて連立方程式として解く。

▶解答　$x - 5y - 4 = 2x + 4y = 6$

$$\begin{cases} x - 5y - 4 = 6 & \cdots\cdots① \\ 2x + 4y = 6 & \cdots\cdots② \end{cases}$$

①から　$x - 5y = 6 + 4$

　　　　$x - 5y = 10$　$\cdots\cdots③$

$$\begin{array}{rl} ② & 2x + 4y = 6 \\ ③×2 \quad -) & 2x - 10y = 20 \\ \hline & 14y = -14 \\ & y = -1 \end{array}$$

$y = -1$ を②に代入すると
$$2x - 4 = 6$$
$$2x = 10$$
$$x = 5$$

答　$\begin{cases} \boldsymbol{x = 5} \\ \boldsymbol{y = -1} \end{cases}$

問8　次の方程式を解きなさい。

(1)　$4x - 3y = x + 3y = 10$

(2)　$2x + y = x + 2y + 1 = 3x - y$

考え方　2つの式に分けて連立方程式として解く。

▶解答　(1)　$4x - 3y = x + 3y = 10$

$$\begin{cases} 4x - 3y = 10 & \cdots\cdots① \\ x + 3y = 10 & \cdots\cdots② \end{cases}$$

$$\begin{array}{rl} ①+② \quad & 4x - 3y = 10 \\ +) & x + 3y = 10 \\ \hline & 5x \quad\quad = 20 \\ & x = 4 \end{array}$$

$x = 4$ を②に代入すると
$$4 + 3y = 10$$
$$3y = 6$$
$$y = 2$$

答　$\begin{cases} \boldsymbol{x = 4} \\ \boldsymbol{y = 2} \end{cases}$

(2)　$2x + y = x + 2y + 1 = 3x - y$

$$\begin{cases} 2x + y = x + 2y + 1 & \cdots\cdots① \\ x + 2y + 1 = 3x - y & \cdots\cdots② \end{cases}$$

①から　$2x + y - x - 2y = 1$

　　　　　　$x - y = 1$　$\cdots\cdots③$

②から　$x + 2y - 3x + y = -1$

　　　　　$-2x + 3y = -1$　$\cdots\cdots④$

$$\begin{array}{rl} ③×2 \quad & 2x - 2y = 2 \\ ④ \quad +) & -2x + 3y = -1 \\ \hline & y = 1 \end{array}$$

$y = 1$ を③に代入すると
$$x - 1 = 1$$
$$x = 2$$

答　$\begin{cases} \boldsymbol{x = 2} \\ \boldsymbol{y = 1} \end{cases}$

補充問題11　次の連立方程式を解きなさい。（教科書P.216）

(1) $\begin{cases} 4x + 7y = 90 \\ 4(x + y) = 60 \end{cases}$

(2) $\begin{cases} 5x - 3y = 4 \\ 3(2x - 3) = 5y \end{cases}$

(3) $\begin{cases} x - y = 1 \\ 0.4x - 0.5y = 0.3 \end{cases}$

(4) $\begin{cases} 0.6x + 0.4y = 1 \\ 5x + 2y = 3 \end{cases}$

(5) $\begin{cases} 3x + 2y = 14 \\ \dfrac{x}{4} - \dfrac{y}{5} = 3 \end{cases}$

(6) $\begin{cases} \dfrac{2}{3}x - \dfrac{y}{6} = \dfrac{2}{3} \\ 5x - 3y = -2 \end{cases}$

▶解答

(1) $\begin{cases} 4x + 7y = 90 & \cdots\cdots① \\ 4(x + y) = 60 & \cdots\cdots② \end{cases}$

②の式を整理すると

$4x + 4y = 60$　　$\cdots\cdots③$

①－③　　　$4x + 7y = 90$

$\underline{-)\ \ 4x + 4y = 60}$

$3y = 30$

$y = 10$

$y = 10$を①に代入すると

$4x + 70 = 90$

$4x = 20$

$x = 5$

答　$\begin{cases} \boldsymbol{x = 5} \\ \boldsymbol{y = 10} \end{cases}$

(2) $\begin{cases} 5x - 3y = 4 & \cdots\cdots① \\ 3(2x - 3) = 5y & \cdots\cdots② \end{cases}$

②の式を整理すると

$6x - 5y = 9$　　$\cdots\cdots③$

①×5　　　$25x - 15y = 20$

③×3　$\underline{-)\ \ 18x - 15y = 27}$

$7x \qquad = -7$

$x = -1$

$x = -1$を①に代入すると

$-5 - 3y = 4$

$-3y = 9$

$y = -3$

答　$\begin{cases} \boldsymbol{x = -1} \\ \boldsymbol{y = -3} \end{cases}$

(3) $\begin{cases} x - y = 1 & \cdots\cdots① \\ 0.4x - 0.5y = 0.3 & \cdots\cdots② \end{cases}$

②×10　　$4x - 5y = 3$　$\cdots\cdots③$

①×4　　　$4x - 4y = 4$

③　　　$\underline{-)\ \ 4x - 5y = 3}$

$y = 1$

$y = 1$を①に代入すると

$x - 1 = 1$

$x = 2$

答　$\begin{cases} \boldsymbol{x = 2} \\ \boldsymbol{y = 1} \end{cases}$

(4) $\begin{cases} 0.6x + 0.4y = 1 & \cdots\cdots① \\ 5x + 2y = 3 & \cdots\cdots② \end{cases}$

①×10　　$6x + 4y = 10$　$\cdots\cdots③$

②×2　　　$10x + 4y = 6$

③　　　$\underline{-)\ \ 6x + 4y = 10}$

$4x \qquad = -4$

$x = -1$

$x = -1$を②に代入すると

$-5 + 2y = 3$

$2y = 8$

$y = 4$

答　$\begin{cases} \boldsymbol{x = -1} \\ \boldsymbol{y = 4} \end{cases}$

(5) $\begin{cases} 3x+2y=14 & \cdots\cdots① \\ \dfrac{x}{4}-\dfrac{y}{5}=3 & \cdots\cdots② \end{cases}$

$②×20 \quad 5x-4y=60 \quad \cdots\cdots③$

$①×2 \qquad 6x+4y=28$

$③ \qquad\quad +)\ \ 5x-4y=60$

$\overline{\qquad\qquad 11x\qquad\ =88}$

$\qquad\qquad\qquad x=8$

$x=8$ を①に代入すると

$24+2y=14$

$2y=-10$

$y=-5$

答 $\begin{cases} \boldsymbol{x=8} \\ \boldsymbol{y=-5} \end{cases}$

(6) $\begin{cases} \dfrac{2}{3}x-\dfrac{y}{6}=\dfrac{2}{3} & \cdots\cdots① \\ 5x-3y=-2 & \cdots\cdots② \end{cases}$

$①×6 \qquad 4x-y=4 \quad \cdots\cdots③$

$② \qquad\qquad\ \ 5x-3y=-2$

$③×3 \quad -)\ \ 12x-3y=12$

$\overline{\qquad\qquad -7x\qquad\ =-14}$

$\qquad\qquad\qquad x=2$

$x=2$ を②に代入すると

$10-3y=-2$

$-3y=-12$

$y=4$

答 $\begin{cases} \boldsymbol{x=2} \\ \boldsymbol{y=4} \end{cases}$

補充問題12 次の方程式を解きなさい。（教科書P.216）

(1) $4x+y=3x-y=7$ 　　　　　(2) $2x+y-8=4x-2y=0$

考え方 2つの式に分けて連立方程式として解く。

▶解答 (1) $4x+y=3x-y=7$

$\begin{cases} 4x+y=7 & \cdots\cdots① \\ 3x-y=7 & \cdots\cdots② \end{cases}$

$①+② \qquad 4x+y=7$

$\qquad\qquad +)\ \ 3x-y=7$

$\overline{\qquad\qquad 7x\qquad =14}$

$\qquad\qquad\quad x=2$

$x=2$ を①に代入すると

$8+y=7$

$y=-1$

答 $\begin{cases} \boldsymbol{x=2} \\ \boldsymbol{y=-1} \end{cases}$

(2) $2x+y-8=4x-2y=0$

$\begin{cases} 2x+y-8=0 & \cdots\cdots① \\ 4x-2y=0 & \cdots\cdots② \end{cases}$

$①から \quad 2x+y=8 \quad \cdots\cdots③$

$② \qquad\qquad\quad 4x-2y=0$

$③×2 \quad +)\ \ 4x+2y=16$

$\overline{\qquad\qquad 8x\qquad =16}$

$\qquad\qquad\quad x=2$

$x=2$ を②に代入すると

$8-2y=0$

$-2y=-8$

$y=4$

答 $\begin{cases} \boldsymbol{x=2} \\ \boldsymbol{y=4} \end{cases}$

基本の問題

---

1 次の⑦～⑤の中から，下の(1)～(3)の条件にあてはまるものをすべて選びなさい。

$$\begin{cases} 2x+y=11 & \cdots\cdots① \\ y=7-x & \cdots\cdots② \end{cases}$$

⑦ $\begin{cases} x=0 \\ y=7 \end{cases}$　　　④ $\begin{cases} x=4 \\ y=3 \end{cases}$　　　⑦ $\begin{cases} x=-2 \\ y=15 \end{cases}$　　　⑤ $\begin{cases} x=8 \\ y=-1 \end{cases}$

(1) ①の2元1次方程式の解
(2) ②の2元1次方程式の解
(3) 上の連立方程式の解

考え方　x，yの値の組をそれぞれの式に代入して，成り立つものは解である。

▶解答

(1) x，yの値の組を，それぞれ①の方程式に代入すると

⑦ $\begin{cases} 左辺　2\times0+7=7 \\ 右辺　11 \end{cases}$　　　　　　④ $\begin{cases} 左辺　2\times4+3=11 \\ 右辺　11 \end{cases}$
　　　　　　（成り立たない）　　　　　　　　　　　　（成り立つ）

⑦ $\begin{cases} 左辺　2\times(-2)+15=11 \\ 右辺　11 \end{cases}$　　⑤ $\begin{cases} 左辺　2\times8+(-1)=15 \\ 右辺　11 \end{cases}$
　　　　　　（成り立つ）　　　　　　　　　　　　　　（成り立たない）

　　　　　　　　　　　　　　　　　　　　　　　　　　答　④，⑦

(2) x，yの値の組を，それぞれ②の方程式に代入すると

⑦ $\begin{cases} 左辺　7 \\ 右辺　7-0=7 \end{cases}$　　　　　　④ $\begin{cases} 左辺　3 \\ 右辺　7-4=3 \end{cases}$
　　　　　　（成り立つ）　　　　　　　　　　　　　　（成り立つ）

⑦ $\begin{cases} 左辺　15 \\ 右辺　7-(-2)=9 \end{cases}$　　　⑤ $\begin{cases} 左辺　-1 \\ 右辺　7-8=-1 \end{cases}$
　　　　　　（成り立たない）　　　　　　　　　　　　（成り立つ）

　　　　　　　　　　　　　　　　　　　　　　　　　　答　⑦，④，⑤

(3) ①，②の方程式を両方ともみたすx，yの組は④である。　答　④

---

2 次の連立方程式を解きなさい。

(1) $\begin{cases} 3x+y=7 \\ x-y=1 \end{cases}$　　　(2) $\begin{cases} 3x+7y=-20 \\ 5x-2y=-6 \end{cases}$　　　(3) $\begin{cases} 2a+3b=6 \\ a=b+8 \end{cases}$

(4) $\begin{cases} 2(a-b)+3b=8 \\ -a+3b=3 \end{cases}$　　(5) $\begin{cases} 0.3x-0.5y=2.2 \\ 7x-3y=8 \end{cases}$　　(6) $\begin{cases} \dfrac{x}{3}-\dfrac{y}{5}=\dfrac{6}{5} \\ 2x=3y \end{cases}$

▶解答

(1) $\begin{cases} 3x+y=7 & \cdots\cdots① \\ x-y=1 & \cdots\cdots② \end{cases}$

①＋②　　　　$3x+y=7$

$\underline{+)\quad x-y=1}$

$4x=8$

$x=2$

$x=2$を②に代入すると

$2-y=1$

$-y=-1$

$y=1$

答　$\begin{cases} \boldsymbol{x=2} \\ \boldsymbol{y=1} \end{cases}$

(2) $\begin{cases} 3x+7y=-20 & \cdots\cdots① \\ 5x-2y=-6 & \cdots\cdots② \end{cases}$

①×5　　　　$15x+35y=-100$

②×3　$\underline{-)\quad 15x-6y=-18}$

$41y=-82$

$y=-2$

$y=-2$を②に代入すると

$5x+4=-6$

$5x=-10$

$x=-2$

答　$\begin{cases} \boldsymbol{x=-2} \\ \boldsymbol{y=-2} \end{cases}$

(3) $\begin{cases} 2a+3b=6 & \cdots\cdots① \\ a=b+8 & \cdots\cdots② \end{cases}$

②を①に代入してaを消去すると

$2(b+8)+3b=6$

$2b+16+3b=6$

$5b=-10$

$b=-2$

$b=-2$を②に代入すると

$a=-2+8$

$a=6$

答　$\begin{cases} \boldsymbol{a=6} \\ \boldsymbol{b=-2} \end{cases}$

(4) $\begin{cases} 2(a-b)+3b=8 & \cdots\cdots① \\ -a+3b=3 & \cdots\cdots② \end{cases}$

①から　　$2a-2b+3b=8$

$2a+b=8 \quad\cdots\cdots③$

③　　　　　　　　$2a+b=8$

②×2　$\underline{+)\quad -2a+6b=6}$

$7b=14$

$b=2$

$b=2$を②に代入すると

$-a+6=3$

$-a=-3$

$a=3$

答　$\begin{cases} \boldsymbol{a=3} \\ \boldsymbol{b=2} \end{cases}$

(5) $\begin{cases} 0.3x-0.5y=2.2 & \cdots\cdots① \\ 7x-3y=8 & \cdots\cdots② \end{cases}$

①×10　　$3x-5y=22 \quad\cdots\cdots③$

③×3　　　　　$9x-15y=66$

②×5　$\underline{-)\quad 35x-15y=40}$

$-26x=26$

$x=-1$

$x=-1$を②に代入すると

$-7-3y=8$

$-3y=15$

$y=-5$

答　$\begin{cases} \boldsymbol{x=-1} \\ \boldsymbol{y=-5} \end{cases}$

(6) $\begin{cases} \dfrac{x}{3} - \dfrac{y}{5} = \dfrac{6}{5} & \cdots\cdots① \\ 2x = 3y & \cdots\cdots② \end{cases}$

①×15　　$5x - 3y = 18$　$\cdots\cdots③$

②から　　$3y = 2x$　$\cdots\cdots④$

④を③に代入して y を消去すると

$\qquad 5x - 2x = 18$

$\qquad\qquad 3x = 18$

$\qquad\qquad\ x = 6$

$x = 6$ を④に代入すると

$\qquad 3y = 12$

$\qquad\ y = 4$

答 $\begin{cases} \boldsymbol{x = 6} \\ \boldsymbol{y = 4} \end{cases}$

---

3 2元1次方程式 $\dfrac{x}{9} - \dfrac{y}{6} = 2$ の分母をはらった式を，次の㋐〜㋔の中から選びなさい。

㋐　$9x - 6y = 2$　　㋑　$6x - 9y = 36$　　㋒　$2x - 3y = 2$　　㋓　$2x - 3y = 36$

▶解答　$\dfrac{x}{9} - \dfrac{y}{6} = 2$　の両辺に18をかけると $2x - 3y = 36$

答　㋓

---

4 次の方程式を解きなさい。

(1)　$3x + 2y = x - y = -5$　　　　　　　(2)　$x + y = 8x - 6y = -2$

考え方　2つの式に分けて連立方程式として解く。

▶解答　(1)　$3x + 2y = x - y = -5$

$\begin{cases} 3x + 2y = -5 & \cdots\cdots① \\ x - y = -5 & \cdots\cdots② \end{cases}$

①　　　　　　$3x + 2y = -5$

②×2　　$\underline{+)\ \ 2x - 2y = -10}$

$\qquad\qquad 5x\qquad\ = -15$

$\qquad\qquad\ \ x\qquad = -3$

$x = -3$ を②に代入すると

$\qquad -3 - y = -5$

$\qquad\quad -y = -2$

$\qquad\qquad y = 2$

答 $\begin{cases} \boldsymbol{x = -3} \\ \boldsymbol{y = 2} \end{cases}$

(2)　$x + y = 8x - 6y = -2$

$\begin{cases} x + y = -2 & \cdots\cdots① \\ 8x - 6y = -2 & \cdots\cdots② \end{cases}$

①×6　　　$6x + 6y = -12$

②　　$\underline{+)\ \ \ 8x - 6y = -2}$

$\qquad\qquad 14x\qquad = -14$

$\qquad\qquad\ \ x\qquad = -1$

$x = -1$ を①に代入すると

$\qquad -1 + y = -2$

$\qquad\qquad y = -1$

答 $\begin{cases} \boldsymbol{x = -1} \\ \boldsymbol{y = -1} \end{cases}$

数学のたんけん ── 3つの文字をふくむ連立方程式

1 連立方程式 $\begin{cases} x + 2z = 330 & \cdots\cdots③ \\ 3x - 2z = 270 & \cdots\cdots④ \end{cases}$ を解いて，りんご，みかん，トマト1個の値段を求めましょう。

▶解答　③＋④より　$4x=600$

$x=150$

$x=150$を③に代入して　$150+2z=330$

$2z=180$

$z=90$

$x=150$を①に代入して　$450+y=510$

$y=60$

りんご1個150円，みかん1個60円，トマト1個90円とすると，問題にあう。

答　**りんご1個150円，みかん1個60円，トマト1個90円**

2 節　連立方程式の活用

1　連立方程式の活用

基本事項ノート

→連立方程式を使って問題を解く手順

(1) どの数量を文字を使って表すか決める。

(2) 問題にふくまれる数量の関係を調べ，2つの方程式をつくる。

(3) 2つの方程式を，連立方程式として解く。

(4) 連立方程式の解が，問題にあうかどうかを確かめる。

[例] 去年のお年玉の合計金額は，今年のお年玉の合計金額より1割少なく，その差は2000円でした。このとき，去年の金額をx円，今年の金額をy円とすると

$x=0.9y$，$y-x=2000$となる。

この2つの式を連立方程式として解けばよい。

 1個100円のプリンと1個220円のケーキを合わせて12個買ったところ，代金が1680円になったそうです。

プリンとケーキをそれぞれ何個買ったでしょうか。

▶解答　**問1，問2**参照

問1　上でできた2つの方程式を，連立方程式として解きなさい。

▶解答　教科書P.50の表を完成すると，
右のようになる。
表から2つの式を作ると
個数については　$x+y=12$
代金については　$100x+220y=1680$
この2つの式を連立方程式として解くと

	プリン	ケーキ	合計
1個の値段（円）	100	220	
個数（個）	x	y	**12**
代金（円）	$100x$	**$220y$**	**1680**

$$\begin{cases} x+y=12 & \cdots\cdots① \\ 100x+220y=1680 & \cdots\cdots② \end{cases}$$

①×5　　　　　$5x+5y=60$

②÷20　$-)$　$5x+11y=84$
　　　　　　　　$-6y=-24$
　　　　　　　　　　$y=4$

$y=4$を①に代入すると
　　$x+4=12$
　　　　$x=8$

答　$\begin{cases} \boldsymbol{x=8} \\ \boldsymbol{y=4} \end{cases}$

問2 問**1**で求めた解が，**Q**の答えとしてあうかどうかを確かめ，プリンとケーキをそれぞれ何個買ったか答えなさい

▶解答　100円のプリンを8個，220円のケーキを4個買ったとすると
買った個数の合計は　8＋4＝12（個）
代金の合計は　100×8＋220×4＝800＋880＝1680（円）
100円のプリンを8個，220円のケーキを4個買ったとすると，問題にあう。

答　**プリン8個，ケーキ4個**

問3 1個180円のケーキと1個100円のドーナツを合わせて15個買ったところ，代金が1980円でした。ケーキとドーナツを，それぞれ何個買ったか求めなさい。

▶解答　ケーキをx個，ドーナツをy個買ったとすると

$$\begin{cases} x+y=15 & \cdots\cdots① \\ 180x+100y=1980 & \cdots\cdots② \end{cases}$$

①×5　　　　　$5x+5y=75$

②÷20　$-)$　$9x+5y=99$
　　　　　　　$-4x\quad=-24$
　　　　　　　　　$x=6$

$x=6$を①に代入すると，
　　$6+y=15$
　　　　$y=9$
ケーキを6個，ドーナツを9個買ったとすると，問題にあう。

答　**ケーキ6個，ドーナツ9個**

問4 ノート3冊と鉛筆5本を買うと700円，ノート6冊と鉛筆2本を買うと1000円です。ノート1冊と鉛筆1本の値段をそれぞれ求めなさい。

▶解答　ノート1冊の値段をx円，鉛筆1本の値段をy円とすると

$$\begin{cases} 3x+5y=700 & \cdots\cdots① \\ 6x+2y=1000 & \cdots\cdots② \end{cases}$$

①，②を連立方程式として解くと，$\begin{cases} x=150 \\ y=50 \end{cases}$

ノート1冊の値段を150円，鉛筆1本の値段を50円とすると，問題にあう。

答　**ノート1冊150円，鉛筆1本50円**

2　速さの問題

基本事項ノート

→速さに関する問題

数量の関係を，図や表を用いて表すとわかりやすい。

速さに関する公式

$$（速さ）=\frac{（道のり）}{（時間）}，（時間）=\frac{（道のり）}{（速さ）}，（道のり）=（速さ）\times（時間）$$

例　A町から50km離れたB町へ行くのに，バスと徒歩で合わせて2時間かかった。バスの速さが時速40km，歩く速さが時速4kmである。このとき，バスに乗っていた時間と歩いた時間をそれぞれ求める。

バスに乗っていた時間をx時間，歩いた時間をy時間として，右のような図にまとめるとわかりやすい。

時間の関係から　　$x+y=2$　　……①

距離の関係から　$40x+4y=50$　……②

①，②を連立方程式として解けばよい。

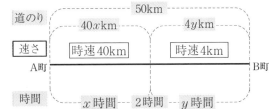

Q　次の数量を式で表しましょう。

(1)　$x$kmの道のりを，時速3kmで歩いたときにかかる時間

(2)　時速3kmでa時間歩いたときに進む道のり

▶**解答**　(1)　$x\div3=\dfrac{x}{3}$**（時間）**　　　　　(2)　$3\times a=\textbf{3}\boldsymbol{a}$**（km）**

例1の**考え方**　図や表の空らんにあてはまる文字や式をかき入れよう。

▶**解答**

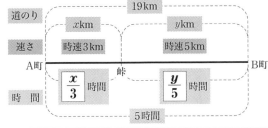

	A町～峠	峠～B町	A町～B町
道のり (km)	x	y	19
速さ (km/h)	3	5	
時間（時間）	$\dfrac{x}{3}$	$\dfrac{y}{5}$	5

問1　**例1**について，A町から峠まで歩いた時間を x 時間，峠からB町まで歩いた時間を y 時間として，数量の関係を次の表に整理し，A町から峠までと峠からB町までの道のりを，それぞれ求めなさい。

考え方　(道のり)＝(速さ)×(時間)

▶解答

	A町～峠	峠～B町	A町～B町
道のり (km)	$3x$	$5y$	19
速さ (km/h)	3	5	
時間 (時間)	x	y	5

A町から峠まで歩いた時間を x 時間，峠からB町まで歩いた時間を y 時間とすると

$$\begin{cases} 3x+5y=19 & \cdots\cdots① \\ x+y=5 & \cdots\cdots② \end{cases}$$

$$\begin{array}{rl} ① & 3x+5y=19 \\ ②\times3 \quad -) & 3x+3y=15 \\ \hline & 2y=4 \\ & y=2 \end{array}$$

$y=2$ を②に代入すると

$$x+2=5$$
$$x=3$$

したがって，A町から峠までの道のりは $3x$ だから　　$3\times3=9$(km)

峠からB町までの道のりは $5y$ だから　　$5\times2=10$(km)

A町から峠までが9km，峠からB町までが10kmとすると，問題にあう。

答　A町から峠までが9km，峠からB町までが10km

⚠注　連立方程式の解がそのまま答えになるとは限らない。何を求めるのか，問題をよく読み，正しい答えを導けるようにする。

問2　60km離れた目的地まで車で行くとき，ふつうの道路を時速40km，高速道路を時速80kmで行くと1時間で着きました。高速道路を何分間走行したか求めなさい。

▶解答　ふつうの道路を x 分，高速道路を y 分走行したとすると

$$\begin{cases} x+y=60 & \cdots\cdots① \\ 40\times\dfrac{x}{60}+80\times\dfrac{y}{60}=60 & \cdots\cdots② \end{cases}$$

①，②を連立方程式として解くと，$\begin{cases} x=30 \\ y=30 \end{cases}$

普通の道路を30分，高速道路を30分走行したとすると，問題にあう。

答　30分間

3 割合の問題

基本事項ノート

→割合に関する問題

　数量の関係を，図や表を用いて表すとわかりやすい。何を文字で表せばよいか，なるべく簡単
に方程式が作れるようにくふうする。

例》　ある学校の今年の生徒数は390人である。これは去年に比べて男子は10%増加し，女子
　　　は4%減少したことになるが，全体で10人増加した。今年の男子，女子の人数を求める。

　去年の男子の人数を x 人，女子の人数を
y 人として，右のような表にまとめると
わかりやすい。

	男子 (人)	女子 (人)	合計 (人)
去　年	x	y	380
今　年	$1.1x$	$0.96y$	390

　去年の人数の関係から

　　$x + y = 380$ 　　　　　……①

　今年の人数の関係から

　　$\dfrac{110}{100}x + \dfrac{96}{100}y = 390$ 　……②

①，②を連立方程式として解けばよい。ただし，求める答えは今年の男子と女子の人数で
あることに注意する。

問1　**例1**でできた2つの方程式を，連立方程式として解きなさい。また，求めた解が，この
　　　問題の答えとしてあうかどうかを確かめ，ハンバーガーとジュースの定価をそれぞれ
　　　答えなさい。

▶**解答**

$$\begin{cases} x + y = 300 & ……① \\ \dfrac{80}{100}x + \dfrac{90}{100}y = 250 & ……② \end{cases}$$

① ×8 　　　　　$8x + 8y = 2400$

② ×10 　$-)$　$8x + 9y = 2500$
　　　　　　　　　　　　　　　　　　
　　　　　　　　　　$-y = -100$

　　　　　　　　　　　　$y = 100$

$y = 100$ を①に代入すると

　　$x + 100 = 300$

　　　　　$x = 200$

ハンバーガーが200円，ジュースが100円とすると，
問題にあう。

　　　　答　**ハンバーガー 200円，ジュース100円**

問2　ある中学校の生徒数は440人です。そのうち，男子の5%と女子の9%が吹奏楽部に
　　　はいっていて，その人数は男女合わせて30人です。
　　　次の問いに答えなさい。
　　　(1)　この中学校の生徒数は，男女それぞれ何人ですか。
　　　(2)　この吹奏楽部の部員のうち，女子は何人ですか。

考え方　x 人の5%は $\dfrac{5}{100}x$ 人，y 人の9%は $\dfrac{9}{100}y$ 人と表せる。

▶解答　(1)　この中学校の男子の生徒数を x 人，女子の生徒数を y 人とすると

$$\begin{cases} x+y=440 & \cdots\cdots① \\ \dfrac{5}{100}x+\dfrac{9}{100}y=30 & \cdots\cdots② \end{cases}$$

①，②を連立方程式として解くと，$\begin{cases} x=240 \\ y=200 \end{cases}$

男子の生徒数を 240 人，女子の生徒数を 200 人とすると，問題にあう。

　　　　　　　　　　　　答　男子の生徒数240人，女子の生徒数200人

(2)　(1)より，女子の生徒数は 200 人で，そのうち 9% が吹奏楽部の部員だから，

$$200\times\dfrac{9}{100}=18(\,人\,)$$

これは問題にあう。

　　　　　　　　　　　　　　　　　　　　　　　　　答　18人

問3　ある学級では，週に一度，空き缶（あきかん）を集めてリサイクル活動に協力しています。先週はスチール缶とアルミ缶を合わせて 390 個集めました。今週はスチール缶が 10% 増え，アルミ缶が 30% 減ったため，全体で 397 個になりました。

次の問いに答えなさい。

(1)　先週集めたスチール缶とアルミ缶の個数を，それぞれ求めなさい。

(2)　今週集めたスチール缶とアルミ缶の個数を，それぞれ求めなさい。

考え方　10% 増える → $1+\dfrac{10}{100}=\dfrac{110}{100}$　　　30% 減る → $1-\dfrac{30}{100}=\dfrac{70}{100}$

▶解答　(1)　先週集めたスチール缶を x 個，アルミ缶を y 個とすると

$$\begin{cases} x+y=390 & \cdots\cdots① \\ \dfrac{110}{100}x+\dfrac{70}{100}y=397 & \cdots\cdots② \end{cases}$$

①，②を連立方程式として解くと　$\begin{cases} x=310 \\ y=80 \end{cases}$

先週集めたスチール缶を 310 個，アルミ缶を 80 個とすると，問題にあう。

　　　　　　　　　　　答　先週集めたスチール缶310個，アルミ缶80個

(2)　(1)より，先週集めたスチール缶は 310 個だから，今週集めたスチール缶は

$$310\times\dfrac{110}{100}=341(\,個\,)$$

先週集めたアルミ缶は 80 個だから，今週集めたアルミ缶は

$$80\times\dfrac{70}{100}=56(\,個\,)$$

　　　　　　　　　　　答　今週集めたスチール缶341個，アルミ缶56個

やってみよう

一方の方程式が $x+y=10$ となるような連立方程式の問題をつくりましょう。

つくった問題は自分で解いて，解答もかきましょう。

▶**解答**　（例）　**1個150円のりんごと1個50円のみかんを合わせて10個買うと，代金が700円に**
　　　　　　なりました。それぞれ何個買いましたか。
　　　（解答）　**りんごを x 個，みかんを y 個買ったとすると，**

$$\begin{cases} x+y=10 & \cdots\cdots① \\ 150x+50y=700 & \cdots\cdots② \end{cases}$$

　　　　　①，②を連立方程式として解くと， $\begin{cases} x=2 \\ y=8 \end{cases}$

　　　　りんごを2個，みかんを8個買ったすると，問題にあう。

　　　　　　　　　　　　　　　　　　　答　りんご2個，みかん8個

⊘注　文字の係数によって解が求められない連立方程式となることがある。

　　　（例）　$\begin{cases} x+y=10 \\ 10x+10y=100 \end{cases}$　$\begin{cases} x+y=10 \\ x+y=5 \end{cases}$　などは解くことができない。

基本の問題

① テニスボール2個とソフトボール3個の重さの合計は600gです。また，テニスボール
4個とソフトボール1個の重さの合計は300gです。それぞれのボール1個の重さを，連
立方程式で求めます。次の問いに答えなさい。

(1) どの数量を x，y で表せばよいですか。

(2) x，y を使った連立方程式をつくりなさい。

(3) それぞれのボール1個の重さを求めなさい。

▶**解答**　(1)　**テニスボール1個を x g，ソフトボール1個を y g とする。**

　　　(2)　$\begin{cases} 2x+3y=600 & \cdots\cdots① \\ 4x+y=300 & \cdots\cdots② \end{cases}$

　　　(3)　**①，②を連立方程式として解くと，** $\begin{cases} x=30 \\ y=180 \end{cases}$

　　　　　テニスボール1個を30g，ソフトボール1個を180gとすると，問題にあう。

　　　　　　　　　　　　　　　　答　テニスボール30g，ソフトボール180g

② 1個120円のりんごと1個30円のみかんを合わせて14個買ったところ，代金が960円で
した。りんごとみかんを，それぞれ何個買ったか求めなさい。

▶**解答**　りんごを x 個，みかんを y 個買ったとすると

$$\begin{cases} x+y=14 & \cdots\cdots① \\ 120x+30y=960 & \cdots\cdots② \end{cases}$$

①，②を連立方程式として解くと，$\begin{cases} x=6 \\ y=8 \end{cases}$

りんごを6個，みかんを8個買ったとすると，問題にあう。

　　　　　　　　　　　　　　　　　　　答　りんご6個，みかん8個

3 家から700m 離れた駅へ行くのに，はじめ分速60m で歩いていましたが，途中で遅れそうだと思い，速さを分速80m にしたところ，出発してからちょうど10分後に駅に着きました。

分速60m で歩いた道のりと分速80m で歩いた道のりを，それぞれ求めなさい。

考え方 $(時間)=\dfrac{(道のり)}{(速さ)}$

▶解答 分速60m で歩いた道のりを x m，分速80m で歩いた道のりを y m とすると

$$\begin{cases} x+y=700 & \cdots\cdots① \\ \dfrac{x}{60}+\dfrac{y}{80}=10 & \cdots\cdots② \end{cases}$$

①，②を連立方程式として解くと，$\begin{cases} x=300 \\ y=400 \end{cases}$

分速60m で歩いた道のりを300m，分速80m で歩いた道のりを400m とすると，問題にあう。

　　　　　答　**分速60m で歩いた道のり300m，分速80m で歩いた道のり400m**

4 ある中学校の昨年の生徒数は250人でした。今年の生徒数は昨年より男子が5%減り，女子が10%増えたので，全体では7人増えました。昨年の男子と女子の人数を，それぞれ求めなさい

考え方 5%減る→$1-\dfrac{5}{100}=\dfrac{95}{100}$　　　10%増える→$1+\dfrac{10}{100}=\dfrac{110}{100}$

▶解答 昨年の男子の人数を x 人，女子の人数を y 人とすると

$$\begin{cases} x+y=250 & \cdots\cdots① \\ \dfrac{95}{100}x+\dfrac{110}{100}y=250+7 & \cdots\cdots② \end{cases}$$

①，②を連立方程式として解くと $\begin{cases} x=120 \\ y=130 \end{cases}$

昨年の男子の人数を120人，女子の人数を130人とすると，問題にあう。

　　　　　答　**昨年の男子の人数120人，女子の人数130人**

2章の問題

1 2元1次方程式 $x+3y=9$ の解のうち，x，y の値がどちらも自然数であるものをすべて求めなさい。

考え方 この方程式を y について解いて，この式に x，y の値が自然数となるような x の値を代入していく。

▶解答　$x+3y=9$ を y について解くと　$y=-\dfrac{1}{3}x+3$

x, y の値がどちらも自然数になるには，x は3の倍数でなければならない。

$x=3$ のとき，$y=-1+3=2$

$x=6$ のとき，$y=-2+3=1$

$x=9$ のとき，$y=-3+3=0$　　0は自然数ではないので，x, y ともに自然数になるのは

$\begin{cases} \boldsymbol{x=3} \\ \boldsymbol{y=2} \end{cases}$ と $\begin{cases} \boldsymbol{x=6} \\ \boldsymbol{y=1} \end{cases}$

2 　次の㋐～㋒の中から，連立方程式 $\begin{cases} x+y=9 \\ 2x+3y=20 \end{cases}$ の解であるものを選びなさい。

㋐ $\begin{cases} x=2 \\ y=7 \end{cases}$　　　　　　㋑ $\begin{cases} x=7 \\ y=2 \end{cases}$　　　　　　㋒ $\begin{cases} x=4 \\ y=4 \end{cases}$

考え方　x, y の値をそれぞれの式に代入して，両方とも成り立つものが解である。

▶解答　$\begin{cases} x+y=9 & \cdots\cdots① \\ 2x+3y=20 & \cdots\cdots② \end{cases}$

㋐の解を①に代入すると　$2+7=9$　　（成り立つ）

　　　　　　②に代入すると　$2\times2+3\times7=25$　　（成り立たない）

㋑の解を①に代入すると　$7+2=9$　　（成り立つ）

　　　　　　②に代入すると　$2\times7+3\times2=20$　　（成り立つ）

㋒の解を①に代入すると　$4+4=8$　　（成り立たない）

　　　　　　②に代入すると　$2\times4+3\times4=20$　　（成り立つ）

よって，連立方程式の解は㋑である。

3 　次の連立方程式を解きなさい。

(1) $\begin{cases} 5x+2y=14 \\ -x-2y=2 \end{cases}$　　　(2) $\begin{cases} 4x-5y=10 \\ 3x-6y=3 \end{cases}$　　　(3) $\begin{cases} 10x+30y=40 \\ 2x+5y=7 \end{cases}$

(4) $\begin{cases} y=2x-1 \\ 3x+y=14 \end{cases}$　　　(5) $\begin{cases} 5a+6b=3 \\ 0.3a+0.8b=1.5 \end{cases}$　　　(6) $\begin{cases} \dfrac{x}{3}+\dfrac{y}{4}=-2 \\ -x+y=-1 \end{cases}$

▶解答　(1) $\begin{cases} 5x+2y=14 & \cdots\cdots① \\ -x-2y=2 & \cdots\cdots② \end{cases}$

　①　　　　　$5x+2y=14$

　②　$+)$　$-x-2y=2$

　　　　　　　　$4x=16$

　　　　　　　　　$x=4$

$x=4$ を②に代入すると

　　　　$-4-2y=2$

　　　　　$-2y=6$

　　　　　　$y=-3$

　　　　答 $\begin{cases} \boldsymbol{x=4} \\ \boldsymbol{y=-3} \end{cases}$

(2) $\begin{cases} 4x - 5y = 10 & \cdots\cdots① \\ 3x - 6y = 3 & \cdots\cdots② \end{cases}$

$①\times 3 \qquad 12x - 15y = 30$

$②\times 4 \quad -)\ \ 12x - 24y = 12$

$\qquad\qquad\qquad\quad 9y = 18$

$\qquad\qquad\qquad\quad\ y = 2$

$y = 2$を①に代入すると

$\qquad 4x - 10 = 10$

$\qquad\qquad 4x = 20$

$\qquad\qquad\ x = 5$

答 $\begin{cases} \boldsymbol{x = 5} \\ \boldsymbol{y = 2} \end{cases}$

(3) $\begin{cases} 10x + 30y = 40 & \cdots\cdots① \\ 2x + 5y = 7 & \cdots\cdots② \end{cases}$

$①\div 5 \qquad 2x + 6y = 8$

$② \qquad\quad -)\ \ 2x + 5y = 7$

$\qquad\qquad\qquad\qquad y = 1$

$y = 1$を②に代入すると

$\qquad 2x + 5 = 7$

$\qquad 2x = 2$

$\qquad\ x = 1$

答 $\begin{cases} \boldsymbol{x = 1} \\ \boldsymbol{y = 1} \end{cases}$

(4) $\begin{cases} y = 2x - 1 & \cdots\cdots① \\ 3x + y = 14 & \cdots\cdots② \end{cases}$

①を②に代入してyを消去すると

$\qquad 3x + (2x - 1) = 14$

$\qquad 3x + 2x - 1 = 14$

$\qquad\qquad\qquad 5x = 15$

$\qquad\qquad\qquad\ x = 3$

$x = 3$を①に代入すると

$\qquad y = 6 - 1$

$\qquad y = 5$

答 $\begin{cases} \boldsymbol{x = 3} \\ \boldsymbol{y = 5} \end{cases}$

(5) $\begin{cases} 5a + 6b = 3 & \cdots\cdots① \\ 0.3a + 0.8b = 1.5 & \cdots\cdots② \end{cases}$

$②\times 10 \quad 3a + 8b = 15 \quad \cdots\cdots③$

$①\times 3 \qquad 15a + 18b = 9$

$③\times 5 \quad -)\ \ 15a + 40b = 75$

$\qquad\qquad\qquad -22b = -66$

$\qquad\qquad\qquad\qquad\ b = 3$

$b = 3$を①に代入すると

$\qquad 5a + 18 = 3$

$\qquad\quad 5a = -15$

$\qquad\qquad a = -3$

答 $\begin{cases} \boldsymbol{a = -3} \\ \boldsymbol{b = 3} \end{cases}$

(6) $\begin{cases} \dfrac{x}{3} + \dfrac{y}{4} = -2 & \cdots\cdots① \\ -x + y = -1 & \cdots\cdots② \end{cases}$

$①\times 12 \qquad\qquad 4x + 3y = -24$

$②\times 4 \quad +)\ \ -4x + 4y = -4$

$\qquad\qquad\qquad\qquad 7y = -28$

$\qquad\qquad\qquad\qquad\ y = -4$

$y = -4$を②に代入すると

$\qquad -x - 4 = -1$

$\qquad -x = 3$

$\qquad\ x = -3$

答 $\begin{cases} \boldsymbol{x = -3} \\ \boldsymbol{y = -4} \end{cases}$

(4) 方程式$7x - 6y = 5x - 4y - 2 = 0$ を解きなさい。

考え方 2つの式に分けて連立方程式として解く。

▶解答

$7x-6y=5x-4y-2=0$

$\begin{cases} 7x-6y=0 & \cdots\cdots① \\ 5x-4y-2=0 & \cdots\cdots② \end{cases}$

②から　$5x-4y=2$　$\cdots\cdots③$

$\begin{array}{rl} ①×2 & 14x-12y=0 \\ ③×3 & -)\underline{\quad 15x-12y=6} \\ & -x\qquad\quad=-6 \\ & \quad x=6 \end{array}$

$x=6$を①に代入すると

$42-6y=0$

$-6y=-42$

$y=7$

答　$\begin{cases} \boldsymbol{x=6} \\ \boldsymbol{y=7} \end{cases}$

---

⑤　便せん5枚とはがき7枚の重さは，便せん10枚とはがき4枚の重さと等しく，50g です。このとき，便せん1枚とはがき1枚の重さを，それぞれ求めなさい。

▶解答

便せん1枚を xg，はがき1枚を yg とすると

$5x+7y=10x+4y=50$

この式を2つに分けると

$\begin{cases} 5x+7y=50 & \cdots\cdots① \\ 10x+4y=50 & \cdots\cdots② \end{cases}$

①，②を連立方程式として解くと，$\begin{cases} x=3 \\ y=5 \end{cases}$

便せん1枚を3g，はがき1枚を5g とすると，問題にあう。

答　**便せん1枚3g，はがき1枚5g**

---

⑥　2つの整数があり，その和は46で，大きい方から小さい方をひいたときの差は14です。この2つの整数を，それぞれ求めなさい。

▶解答

大きい方の数を x，小さい方の数を y とすると

$\begin{cases} x+y=46 & \cdots\cdots① \\ x-y=14 & \cdots\cdots② \end{cases}$

①，②を連立方程式として解くと，$\begin{cases} x=30 \\ y=16 \end{cases}$

大きい方の数を30，小さい方の数を16とすると，問題にあう。

答　**30と16**

とりくんでみよう

①　次の連立方程式を解きなさい。

(1) $\begin{cases} 4x+6=7y \\ 8x+9=2x-2y \end{cases}$

(2) $\begin{cases} 2y=5x-7 \\ 9x-2y=19 \end{cases}$

(3) $\begin{cases} 2(x+y)-x=8 \\ x-3(y-1)=-4 \end{cases}$

(4) $\begin{cases} \dfrac{x}{2}+\dfrac{y}{3}=1 \\ 0.2x-0.25y=5 \end{cases}$

▶解 答

(1) $\begin{cases} 4x+6=7y & \cdots\cdots① \\ 8x+9=2x-2y & \cdots\cdots② \end{cases}$

①から　$4x-7y=-6$　$\cdots\cdots③$

②から　$8x-2x+2y=-9$

$\qquad\qquad 6x+2y=-9$　$\cdots\cdots④$

③×3　　　$12x-21y=-18$

④×2　$\underline{-)\quad 12x+4y=-18}$

$\qquad\qquad\qquad -25y=0$

$\qquad\qquad\qquad\quad y=0$

$y=0$を③に代入すると

$\qquad 4x-0=-6$

$\qquad\quad 4x=-6$

$\qquad\quad\ x=-\dfrac{3}{2}$

答　$\begin{cases} \boldsymbol{x=-\dfrac{3}{2}} \\ \boldsymbol{y=0} \end{cases}$

(2) $\begin{cases} 2y=5x-7 & \cdots\cdots① \\ 9x-2y=19 & \cdots\cdots② \end{cases}$

①を②に代入してyを消去すると

$\qquad 9x-(5x-7)=19$

$\qquad 9x-5x+7=19$

$\qquad\qquad\ 4x=12$

$\qquad\qquad\ \ x=3$

$x=3$を①に代入すると

$\qquad 2y=15-7$

$\qquad 2y=8$

$\qquad\ \ y=4$

答　$\begin{cases} \boldsymbol{x=3} \\ \boldsymbol{y=4} \end{cases}$

(3) $\begin{cases} 2(x+y)-x=8 & \cdots\cdots① \\ x-3(y-1)=-4 & \cdots\cdots② \end{cases}$

①から　$2x+2y-x=8$

$\qquad\qquad\ x+2y=8$　$\cdots\cdots③$

②から　$x-3y+3=-4$

$\qquad\qquad x-3y=-7$　$\cdots\cdots④$

③　　　$x+2y=8$

④　$\underline{-)\quad x-3y=-7}$

$\qquad\qquad\quad 5y=15$

$\qquad\qquad\quad\ y=3$

$y=3$を③に代入すると

$\qquad x+6=8$

$\qquad\quad x=2$

答　$\begin{cases} \boldsymbol{x=2} \\ \boldsymbol{y=3} \end{cases}$

(4) $\begin{cases} \dfrac{x}{2}+\dfrac{y}{3}=1 & \cdots\cdots① \\ 0.2x-0.25y=5 & \cdots\cdots② \end{cases}$

①の両辺に6をかけると

$\qquad 3x+2y=6$　$\cdots\cdots③$

②の両辺に20をかけると

$\qquad 4x-5y=100$　$\cdots\cdots④$

③×5　　　$15x+10y=30$

④×2　$\underline{+)\quad 8x-10y=200}$

$\qquad\qquad 23x\qquad\ =230$

$\qquad\qquad\qquad\ x=10$

$x=10$を③に代入すると

$\qquad 30+2y=6$

$\qquad\quad 2y=-24$

$\qquad\quad\ y=-12$

答　$\begin{cases} \boldsymbol{x=10} \\ \boldsymbol{y=-12} \end{cases}$

2 連立方程式 $\begin{cases} ax+by=11 \\ bx+ay=1 \end{cases}$ の解が $\begin{cases} x=-2 \\ y=3 \end{cases}$ であるとき，係数 a, b の値を求めなさい。

考え方 $x=-2$, $y=3$ を2つの式に代入して，a と b の連立方程式をつくる。

▶解答 $\begin{cases} ax+by=11 & \cdots\cdots① \\ bx+ay=1 & \cdots\cdots② \end{cases}$

①，②に $x=-2$, $y=3$ を代入すると

$-2a+3b=11$ ……③

$-2b+3a=1$

$3a-2b=1$ ……④

③×3　　　$-6a+9b=33$

④×2　　+)　$6a-4b=2$

　　　　　　　$5b=35$

　　　　　　　$b=7$

$b=7$ を④に代入すると

$3a-14=1$

$3a=15$

$a=5$

答　**$a=5$, $b=7$**

3 2けたの正の整数があり，この整数の十の位の数と一の位の数を入れかえると，もとの整数より27大きくなります。また，もとの整数では，十の位の数と一の位の数の和は7となります。もとの整数を求めなさい。

考え方 文字 x, y を使ってもとの数を $10x+y$ と表すと，十の位の数と一の位の数を入れかえた数は $10y+x$ となる。

▶解答 もとの整数の十の位の数を x，一の位の数を y とすると，

もとの整数は $10x+y$，入れかえた整数は $10y+x$ と表される。

$\begin{cases} 10y+x=10x+y+27 & \cdots\cdots① \\ x+y=7 & \cdots\cdots② \end{cases}$

①，②を連立方程式として解くと，$\begin{cases} x=2 \\ y=5 \end{cases}$

もとの整数の十の位の数を2，一の位の数を5とすると，問題にあう。

もとの整数は　$10\times2+5=25$

答　**25**

4 右の図のような三角形で，各辺にかかれた3つの数の和がすべて等しいとき，x, y にあてはまる数を，それぞれ求めなさい。

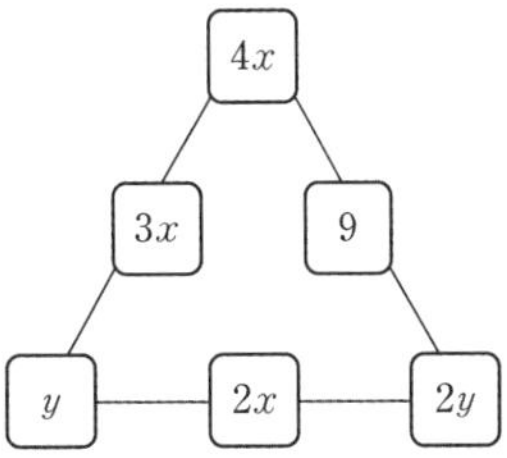

考え方 各辺の和が等しいことから，$A=B=C$ の形の方程式に表す。そこから2つの式に分けて連立方程式として解く。

▶解答 各辺の和が等しいから　$4x+3x+y=y+2x+2y=2y+9+4x$

整理すると　　　　　　　$7x+y=2x+3y=4x+2y+9$

$$\begin{cases} 7x+y=2x+3y & \cdots\cdots① \\ 2x+3y=4x+2y+9 & \cdots\cdots② \end{cases}$$

①から　　$5x-2y=0$　　　$\cdots\cdots③$

②から　　$-2x+y=9$　　$\cdots\cdots④$

③　　　　　　　　　$5x-2y=0$

④×2　　　+)　$-4x+2y=18$

　　　　　　　　　$x=18$

$x=18$を③に代入すると

　$90-2y=0$

　　$-2y=-90$

　　　　$y=45$

答　$\begin{cases} \boldsymbol{x=18} \\ \boldsymbol{y=45} \end{cases}$

---

5 5人でレストランに出かけ，全員が750円のランチを注文しました。さらに，5人のうちの何人かが，150円の飲み物か200円のデザートのどちらか一方を追加で注文したところ，代金は4250円でした。

150円の飲み物を注文した人数をもとめなさい。また，そのように判断できる理由を，2元1次方程式とその解を使って説明しなさい。

考え方　2元1次方程式をたてて，その方程式を成り立たせるx，yの値が，自然数となる解を求める。

▶解答　**2人**

（説明）　**150円の飲み物を注文した人数を$\boldsymbol{x}$人，200円のデザートを注文した人数を$\boldsymbol{y}$人とすると**

　　　　$750\times5+150x+200y=4250$

　　　　　　　$150x+200y=500$

この2元1次方程式を成り立たせる自然数の組は，$\begin{cases} \boldsymbol{x=2} \\ \boldsymbol{y=1} \end{cases}$だけである。

150円の飲み物を注文した人数を2人，200円のデザートを注文した人数を1人とすると，問題にあう。

したがって，150円の飲み物を注文したのは2人と判断できる。

◎ 次の章を学ぶ前に

1　次の表は，y が x に比例する関係を表したものです。
下の問いに答えましょう。

x	$\cdots$	-2	-1	0	1	2	3	4	$\cdots$
y	$\cdots$			0	4	8	12	16	$\cdots$

(1)　上の表の□にあてはまる数をかき入れましょう。

(2)　次の文章の□にあてはまる数をかき入れましょう。
・x の値を3倍にすると，y の値は □ 倍になる。
・$x \neq 0$ のとき，$\dfrac{y}{x}$ の値は一定で，□ になる。

(3)　y を x の式で表しましょう。

(4)　比例定数を答えましょう。

▶解答
(1)　（左から）　**-8, -4**

(2)　（上から）　**3, 4**

(3)　y が x に比例して，$x=1$ のとき $y=4$ だから
$y=ax$ に $x=1$，$y=4$ を代入すると
$4=a$　　$a=4$　　　　　　　　　　　　　　　答　**$y=4x$**

(4)　比例定数は，$y=ax$ の a だから，4　　　　　答　**4**

2　次の(1)，(2)の図の直線は，比例のグラフです。それぞれ，y を x の式で表しましょう。

(1)

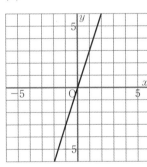

(2)

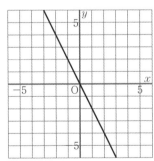

▶解答
(1)　求める式を $y=ax$ とすると
点$(1,\ 3)$を通るから　　$a=3$　　　　　　　　答　**$y=3x$**

(2)　求める式を $y=ax$ とすると
点$(1,\ -2)$を通るから　　$a=-2$　　　　　　答　**$y=-2x$**

③章 1次関数

この章について

この単元では，$y=ax+b$で表される関数について学習します。1次関数をグラフに表すことなどで，数量を感覚的にとらえるセンスが養われます。また，日常生活の中でも1次関数を利用することで，様々なことを類推したり解決したりする助けになるでしょう。

① 節　1次関数

1　1次関数

基本事項ノート

➡1次関数

yがxの関数で，yがxの1次式で表されるとき，yはxの1次関数であるという。
一般に，1次関数は，$y=ax+b$の式で表される。
$y=ax+b$は，yがxに比例する項axと定数項bの和の形になっている。

| 例 |　$y=5x+20$　　　$y=-2x+3$

➡1次関数と比例

1次関数$y=ax+b$で，特に，定数$b=0$のとき，$y=ax$となり，yはxに比例する。したがって，比例は，1次関数の特別な場合である。

> **問1**　前ページの話で，1日目に給水を開始してからx時間後の水面の高さを$y$cmとするとき，次の問いに答えなさい。
> (1)　yをxの式で表しなさい。
> (2)　yはxの関数といえますか。また，yはxに比例しているといえますか。それぞれ，そのようにいえる理由を説明しなさい。

考え方　xの値を決めると，それに対応するyの値がただ1つ決まるとき，yはxの関数である。
　　　　　yがxの関数で，$y=ax$で表されるとき，yはxに比例する。

▶解答　(1)　はじめに水が入っていない状態で，毎時8cmずつ水面が上がるので，
　　　　　　　　$y=8x$
　　　　　(2)　yはxの関数と**いえる**。
　　　　　　　（理由）　**xの値を決めると，それに対応するyの値がただ1つ決まるから。**yはx
　　　　　　　に比例していると**いえる**。
　　　　　　　（理由）　**xの値が2倍，3倍，…になると，それに対応するyの値も2倍，3倍，…になるから。**

> **問2**　関数 $y = 8x + 40$ は，比例の関係を表しているといえますか。

> **▶解答**　比例の関係を表しているといえ**ない**。

例1　　$y = 1200 - 60x$　　$(0 \leqq x \leqq \boxed{})$

▶解答　**20**

> **問3**　次の数量の関係について，y を x の式で表しなさい。また，y が x の1次関数であるかどうかを答えなさい。
> (1)　縦の長さ3cm，横の長さ x cm の長方形の周の長さ y cm
> (2)　1個 x g の品物7個分の重さ y g
> (3)　面積30cm^2 の長方形の縦の長さ x cm と横の長さ y cm

考え方　y を x の式で表したとき，$y = ax + b$ の形になるものが1次関数である。

▶解答
(1)　$y = 2x + 6$　**1次関数である。**
(2)　$y = 7x$　　　**1次関数である。**
(3)　$y = \dfrac{30}{x}$　　**1次関数ではない。**（反比例）

❗注　(2)の比例は1次関数の特別な場合である。

> **問4**　次の㋐〜㋖の中から，y が x の1次関数であるものをすべて選びなさい。
> ㋐　$y = 5x + 7$　　　　　㋑　$y = \dfrac{5}{4}x - 2$　　　　　㋒　$y = -6x$
> ㋓　$y = 2x^2$　　　　　　㋔　$y = \dfrac{8}{x}$　　　　　　　㋕　$y = \dfrac{x}{2}$

考え方　$y = ax + b$ の形になるものが1次関数である。また，比例は1次関数の特別な場合である。

▶解答　㋐，㋑，㋒，㋕

> **補充問題13**　次の数量の関係について，y を x の式で表しなさい。（教科書P.216）
> また，y が x の1次関数であるかどうかを答えなさい。
> (1)　1個 x 円のプリン4個を50円の箱に入れたときの代金 y 円
> (2)　1辺の長さが x cm の正方形の面積 y cm^2
> (3)　3辺の長さが2cm，3cm，x cm である三角形の周の長さ y cm

▶解答
(1)　$y = 4x + 50$　**1次関数である。**
(2)　$y = x^2$　　　　**1次関数ではない。**
(3)　$y = x + 5$　　**1次関数である。**

2　変化の割合

基本事項ノート

➡変化の割合

xの増加量に対するyの増加量の割合を，変化の割合という。

$$(変化の割合) = \frac{(yの増加量)}{(xの増加量)}$$

1次関数$y = ax + b$の変化の割合は一定で，xの係数aに等しい。

例 $y = 2x - 1$の変化の割合は，2である。

Q 高さ40cmまで水がはいる直方体の水そうA，Bに少しだけ水がはいっていました。この2つの水そうに，それぞれ一定の割合で水を入れました。

次の表は，水を入れ始めてからx分後の水面の高さを$y$cmとして，x，yの値の関係をそれぞれ表したもので，yはxの関数です。このとき，水面の高さの上がり方が速かったのは，AとBのどちらの水そうですか。

▶解答 教科書P.64，下記**問1**，**問2**参照。

問1 **Q**のBの水そうについて，1分あたりに上がった水面の高さを求めなさい。

▶解答 Bの水そうについて，1分間あたりに上がった水面の高さは，

$$\frac{(yの増加量)}{(xの増加量)} = \frac{38 - 23}{7 - 4} = \frac{15}{3} = 5 \qquad\qquad 答\quad \mathbf{5cm}$$

（上から）**3，15**

問2 **Q**の2つの水そうで，水面の高さの上がり方が速かったのはどちらの水そうですか。そのように判断した理由を，変化の割合を使って説明しなさい。

▶解答 **A**

（理由）　**変化の割合が大きいほど1分あたりに上がる水面の高さは高くなる。Aの水そうの変化の割合は6，Bの水そうの変化の割合は5だから，Aの方が上がり方が速かったといえる。**

問3 1次関数$y = 2x + 3$について，次の表を完成し，下の(1)〜(3)のことを調べましょう。

(1)　xの値が-4から-2まで増加するときの変化の割合を求めましょう。

(2)　xの値が-1から2まで増加するときの変化の割合を求めましょう。

(3)　1次関数$y = 2x + 3$の変化の割合について，どんなことがわかりましたか。

▶解答　$(変化の割合)=\dfrac{(y\ の増加量)}{(x\ の増加量)}$

x	…	-4		-3		-2	-1	0	1	2	3	…
y	…	-5		-3		$\mathbf{-1}$	$\mathbf{1}$	$\mathbf{3}$	$\mathbf{5}$	$\mathbf{7}$	$\mathbf{9}$	…

(1)　上の表から，$(変化の割合)=\dfrac{-1-(-5)}{-2-(-4)}=\dfrac{4}{2}=\mathbf{2}$

(2)　上の表から，$(変化の割合)=\dfrac{7-1}{2-(-1)}=\dfrac{6}{3}=\mathbf{2}$

(3)　変化の割合は一定で，その値は x の係数 2 に等しい。

問4　次の1次関数で，x の値が2から6まで増加するときの変化の割合を求め，それが x の係数と等しいかを調べなさい。

(1)　$y=-3x+1$　　　　　　　　(2)　$y=\dfrac{1}{2}x-1$

▶解答　(1)　$y=-3x+1$　　　　　　　　(2)　$y=\dfrac{1}{2}x-1$

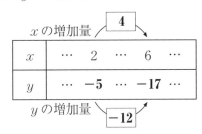

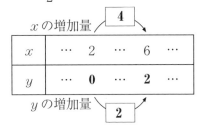

$x=2$ のとき $y=-3\times2+1=-5$
$x=6$ のとき $y=-3\times6+1=-17$
変化の割合 $=\dfrac{-17-(-5)}{6-2}=\dfrac{-12}{4}=\mathbf{-3}$

$x=2$ のとき $y=\dfrac{1}{2}\times2-1=0$
$x=6$ のとき $y=\dfrac{1}{2}\times6-1=2$
変化の割合 $=\dfrac{2-0}{6-2}=\dfrac{2}{4}=\mathbf{\dfrac{1}{2}}$

(1)，(2)ともに変化の割合は x の係数と等しい。

問5　次の1次関数の変化の割合を答えなさい。

(1)　$y=5x+4$　　　　(2)　$y=-4x+3$　　　　(3)　$y=x-6$　　　　(4)　$y=\dfrac{2}{3}x$

考え方　1次関数 $y=ax+b$ の変化の割合は一定で，x の係数 a に等しい。

▶解答　(1)　**5**　　　　　　(2)　**-4**　　　　　　(3)　**1**　　　　　　(4)　$\mathbf{\dfrac{2}{3}}$

問6 反比例の関係 $y = \dfrac{12}{x}$ で，x の値が下の(1)～(3)のように増加するときの変化の割合を，それぞれ求めましょう。反比例の変化の割合は，1次関数の変化の割合と比べると，どんなちがいがありますか。

(1)　1から2まで

(2)　2から3まで

(3)　3から4まで

▶解答

x	$\cdots$	0	1	2	3	4	$\cdots$
y	$\cdots$	$\times$	12	**6**	**4**	**3**	$\cdots$

(1)　表から，（変化の割合）$= \dfrac{6-12}{2-1} = \mathbf{-6}$

(2)　表から，（変化の割合）$= \dfrac{4-6}{3-2} = \mathbf{-2}$

(3)　表から，（変化の割合）$= \dfrac{3-4}{4-3} = \mathbf{-1}$

（例）　**1次関数の変化の割合は一定で，x の係数 a に等しかったが，反比例の変化の割合は一定ではない。**

3　1次関数のグラフ

基本事項ノート

→1次関数のグラフ

　1次関数 $y = ax + b$ のグラフは，比例 $y = ax$ のグラフを，y 軸の正の方向に b だけ平行移動した直線である。

注 $b > 0$ のときは，y 軸にそって b だけ上に，$b < 0$ のときは，y 軸にそって b の絶対値だけ下に平行移動したグラフである。

→y軸上の切片

　1次関数 $y = ax + b$ で，$x = 0$ のとき $y = b$ である。この点 $(0,\ b)$ はグラフが y 軸と交わる点である。

　この b を1次関数 $y = ax + b$ のグラフの y 軸上の切片という。単に切片ということもある。

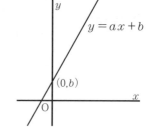

例 1次関数 $y = 2x - 3$ のグラフの切片は -3 である。

問1 1次関数 $y = 2x + 3$ について，次の表を完成し，下の(1)～(3)の順に調べましょう。

(1)　上の表の対応する x，y の値の組を座標とする点を，右の図にかきましょう。

(2)　x の値を -4 から 4 まで0.5おきにとり，それらに対応する y の値を求め，その値の組を座標とする点を右の図にかきましょう。

(3)　x の値の間をさらに細かくして，点の数を増やしていくと，これらの点は，どのように並ぶと予想されますか。

▶解答

x	…	-4	-3	-2	-1	0	1	2	3	4	…
y	…	-5	-3	-1	1	3	5	7	9	11	…

(1)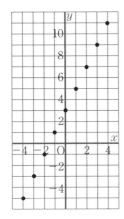

(2) $x=-3.5$ のとき
$y=2\times(-3.5)+3=-4$
同様にして，
$x=-2.5$ のとき　$y=-2$
$x=-1.5$ のとき　$y=0$
$x=-0.5$ のとき　$y=2$
$x=0.5$ のとき　　$y=4$
$x=1.5$ のとき　　$y=6$
$x=2.5$ のとき　　$y=8$
$x=3.5$ のとき　　$y=10$

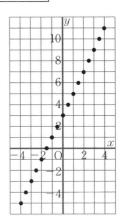

(3) 点を多くとっていくと，これらの点の集まりは，**一直線上にならぶと予想される。**

問2 直線 $y=2x+3$ を，**問1**の図にかきなさい。

▶解答　**問1**の(1)，(2)の点をつないでいくと，
右のようなグラフになる。

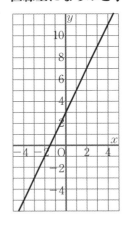

問3 1次関数 $y=2x-3$ のグラフを，左の図（図は解答欄）にかきなさい。

▶解答　$y=2x$ のグラフを，y 軸の負の方向に3だけ平行移動した，右のようなグラフになる。

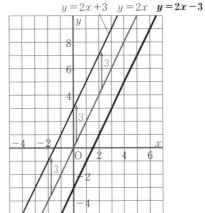

問4 次の1次関数のグラフの切片を答えなさい。
(1) $y=2x+4$ 　　　　　(2) $y=5x-6$ 　　　　　(3) $y=-3x$

考え方 1次関数 $y=ax+b$ のグラフにおいて，b のことを y 軸上の切片という。

▶解答 (1) **4**   (2) **−6**   (3) **0**

4 1次関数のグラフの特徴

基本事項ノート

➡傾き

1次関数 $y=ax+b$ のグラフの傾きぐあいは，変化の割合 a の値によって決まる。

この a を，1次関数 $y=ax+b$ のグラフの傾きという。

$$（1次関数の変化の割合）=\frac{（y の増加量）}{（x の増加量）}=a$$

（1次関数のグラフの傾き）$=a$

$a>0$ のときは右上がり，$a<0$ のときは右下がりのグラフになる。

問1 直線 $y=2x+1$ で，右へ2進むとき，上へどれだけ進みますか。また，右へ3進むとき，上へどれだけ進みますか。

考え方 直線 $y=2x+1$ で，右へ1進むと，上へ2進む。

▶解答 右へ2進むと，上へ　$2×2=$**4進む**。

また，右へ3進むと，上へ　$2×3=$**6進む**。

問2 次の表は，1次関数 $y=3x+1$ の対応する x，y の値の関係を表したもので，右の図は，そのグラフです。下の問いに答えなさい。

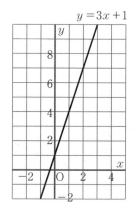

$y=3x+1$

x	…	-1	0	1	2	3	…
y	…	-2	1	4	7	10	…

(1) 1次関数 $y=3x+1$ の変化の割合を答えなさい。

(2) 直線 $y=3x+1$ では，右へ1進むと，上へどれだけ進みますか。

考え方 1次関数 $y=ax+b$ の変化の割合は，x の係数 a に等しい。

▶解答 (1) **3**

(2) グラフより，右へ1進むと，上へ**3進む**。

問3 1次関数 $y=-2x+5$ とそのグラフについて，
次の問いに答えなさい。

(1) 変化の割合を答えなさい。

(2) 直線 $y=-2x+5$ では，右へ1進むと，
どちらの方向へどれだけ進みますか。
正の数と負の数を使った2通りの表し方
で答えなさい。

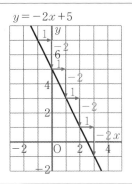

$y=-2x+5$

考え方 1次関数 $y=ax+b$ の変化の割合は，x の係数 a に等しい。

▶解答
(1) **-2**

(2) グラフより，右へ1進むと，**下へ2進む**。
または，右へ1進むと，**上へ-2進む**。

問4 次の1次関数のグラフの傾きと切片を答えなさい。

(1) $y=4x-3$　　　　　(2) $y=x+5$　　　　　(3) $y=-x$

考え方 1次関数 $y=ax+b$ のグラフにおいて，a のことを傾き，b のことを切片という。

▶解答
(1) **傾き4，切片 -3**　　　(2) **傾き1，切片5**　　　(3) **傾き -1，切片0**

補充問題14 次の1次関数のグラフの傾きと切片を答えなさい。（教科書P.216）

(1) $y=2x+3$　　(2) $y=-4x-1$　　(3) $y=\dfrac{1}{2}x-10$　　(4) $y=x$

▶解答
(1) **傾き2，切片3**　　　(2) **傾き -4，切片 -1**

(3) **傾き $\dfrac{1}{2}$，切片 -10**　　(4) **傾き1，切片0**

問5 右の図の(1)〜(4)の直線は，切片が3で，傾きが異なる
1次関数のグラフです。
それぞれのグラフの傾きを読み取りなさい。

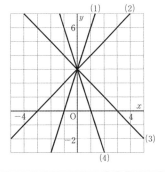

▶解答
(1) 右へ1進むと，上へ3進むから，傾きは **3**

(2) 右へ1進むと，上へ1進むから，傾きは **1**

(3) 右へ1進むと，下へ1進むから，傾きは **-1**

(4) 右へ1進むと，下へ3進むから，傾きは **-3**

問6 これまでに調べたことから，1次関数 $y=ax+b$ の a の値とグラフの傾きの関係につい
て，どんなことがわかりましたか。

▶解答　　**$a>0$ のときは右上がり，$a<0$ のときは右下がりのグラフになる。** など

5　1次関数のグラフのかき方

基本事項ノート

→1次関数のグラフのかき方

　　傾きと切片をもとにしてかく。

例　$y = 2x + 1$

　　切片が1だから，点$(0, 1)$を通る。

　　傾きが2だから，点$(0, 1)$から右へ1進むと，上へ2進む。

　　グラフは，右のような直線になる。

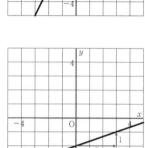

→傾きが分数である1次関数のグラフのかき方

　　傾きが分数のとき，右へ分母の数だけ進むと，上へ分子の数だけ

　　進む。

例　$y = \dfrac{1}{3}x - 2$

　　切片が-2だから，点$(0, -2)$を通る。

　　傾きが$\dfrac{1}{3}$だから，点$(0, -2)$から右へ3進むと，上へ1進む。

　　グラフは，右のような直線になる。

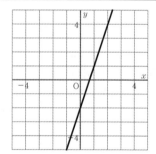

!注　傾きが負の分数のとき，右へ分母の数だけ進むと，

　　下へ分子の数だけ進む。

問1　次の1次関数のグラフを，下の図にかきなさい。

　　(1)　$y = 3x - 2$　　　　　　　　(2)　$y = -x + 2$

▶解答　(1)　切片が-2だから，点$(0, -2)$を通る。

　　　　　傾きが3だから，点$(0, -2)$から

　　　　　右へ1進むと上へ3進む。

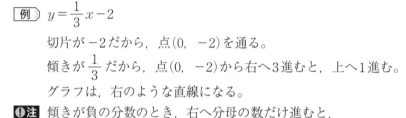

　　　　(2)　切片が2だから，点$(0, 2)$を通る。

　　　　　傾きが-1だから，点$(0, 2)$から

　　　　　右へ1進むと下へ1進む。

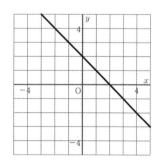

> **問2** 次の1次関数のグラフを，下の図にかきなさい。
>
> (1) $y = \dfrac{3}{2}x - 4$ 　　　　　　　　　(2) $y = -\dfrac{1}{3}x + 1$

▶**解答**　(1) 切片が-4だから，点$(0,\ -4)$を通る。

　　　　　　傾きが$\dfrac{3}{2}$だから，点$(0,\ -4)$から

　　　　　　右へ2進むと上へ3進む。

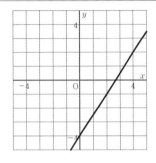

　　　　(2) 切片が1だから，点$(0,\ 1)$を通る。

　　　　　　傾きが$-\dfrac{1}{3}$だから，点$(0,\ 1)$から

　　　　　　右へ3進むと下へ1進む。

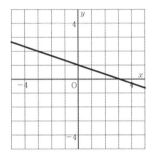

6　1次関数の式の求め方

基本事項ノート

➡直線の式を求める方法

　求める式を$y = ax + b$として，グラフから切片bと傾きaを読み取る。

➡1組のx, yの値と変化の割合から1次関数を求める方法

　変化の割合aと，1組の$x,\ y$の値を代入し，bの値を求める。

例 変化の割合が-3で，グラフが点$(1,\ 2)$を通る1次関数の式を$y = ax + b$とすると，

　　変化の割合が-3だから　$a = -3$

　　したがって　$y = -3x + b$

　　グラフは，点$(1,\ 2)$を通るから　$2 = -3 \times 1 + b$

　　これをbについて解くと　$b = 5$

　　求める1次関数の式は$y = -3x + 5$である。

➡2組のx, yの値から1次関数を求める方法

　グラフの傾きaを，$\dfrac{(y\text{の増加量})}{(x\text{の増加量})}$で求める。

　求めたaと1組の$x,\ y$の値を代入し，bの値を求める。

　または，$y = ax + b$に2組の$x,\ y$の値をそれぞれ代入し，連立方程式として解き，

　$a,\ b$の値を求める。

例 2点 $(-1, 3)$, $(2, -3)$ を通る直線の式を $y = ax + b$ とすると，

$$a = \frac{(y \text{ の増加量})}{(x \text{ の増加量})} = \frac{-3 - 3}{2 - (-1)} = \frac{-6}{3} = -2$$

したがって　$y = -2x + b$

グラフは，点 $(-1, 3)$ を通るから　$3 = -2 \times (-1) + b$　　　$b = 1$

求める1次関数の式は $y = -2x + 1$ である。

▶別解　$y = ax + b$ の x, y に2点 $(-1, 3)$, $(2, -3)$ の x 座標，y 座標をそれぞれ代入すると

$3 = -a + b$　……①　　　$-3 = 2a + b$　……②

①，②を連立方程式として解いて $\begin{cases} a = -2 \\ b = 1 \end{cases}$

求める1次関数の式は $y = -2x + 1$ である。

Q 右の図のような直線の式を求めるには，グラフから何を読み取ればよいでしょうか。

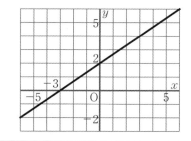

▶解答　**傾きと切片**

（または，方眼の格子点を通るグラフ上の2点の座標）

問1 次の図の直線(1)〜(4)の式を求めなさい。

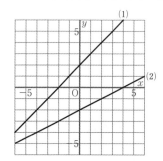 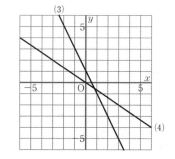

考え方　切片と傾きをグラフから読み取る。

▶解答　(1)　求める1次関数を $y = ax + b$ とすると

切片は2だから　$b = 2$

点 $(0, 2)$ から右へ1進むと上へ1進むから，直線の傾きは1

したがって　$a = 1$　　　　　　　　　　　　　　　　答　$\boldsymbol{y = x + 2}$

(2)　求める1次関数を $y = ax + b$ とすると

切片は -2 だから　$b = -2$

点 $(0, -2)$ から右へ2進むと上へ1進むから，直線の傾きは $\dfrac{1}{2}$

したがって　$a = \dfrac{1}{2}$　　　　　　　　　　　　　答　$\boldsymbol{y = \dfrac{1}{2}x - 2}$

(3)　求める1次関数を $y = ax + b$ とすると

切片は1だから　$b = 1$

点 $(0, 1)$ から右へ1進むと下へ2進むから，直線の傾きは -2

したがって　$a = -2$　　　　　　　　　　　　　　　答　$\boldsymbol{y = -2x + 1}$

(4) 原点Oを通るので，求める1次関数を $y=ax$ とすると

原点Oから右へ3進むと下へ2進むから，直線の傾きは $-\dfrac{2}{3}$

したがって　$a=-\dfrac{2}{3}$　　　　　　　　　　　　答　$y=-\dfrac{2}{3}x$

例2　　答　$-2x+6$

問2　次の条件を満たす1次関数を求めなさい。

(1) $x=-3$ のとき $y=7$ で，変化の割合が2である。

(2) グラフが点$(2,\ 3)$を通り，傾きが -1 の直線である。

考え方　変化の割合または傾き a と，1組の x，y の値を代入し，b の値を求める。

▶解答　(1) 求める1次関数を $y=ax+b$ とすると

変化の割合が2だから　$a=2$

したがって　$y=2x+b$

$x=-3$ のとき $y=7$ だから　$7=2\times(-3)+b$

これを b について解くと　$b=13$　　　　　　　答　$y=2x+13$

(2) 求める1次関数を $y=ax+b$ とすると

傾きが -1 だから　$a=-1$　したがって　$y=-x+b$

点$(2,\ 3)$を通るから　$3=-2+b$

これを b について解くと　$b=5$　　　　　　　答　$y=-x+5$

例3　　答　$3x-5$

問3　**例3**の式を，連立方程式を使って求めなさい。

▶解答　求める1次関数の式を $y=ax+b$ とする。

$x=1$ のとき $y=-2$ だから　$-2=a+b$　……①

$x=3$ のとき $y=4$ だから　　$4=3a+b$　……②

①　　　　　$-2=a+b$　　　　　　　　$a=3$を①に代入すると

②　　　$-)\ \ 4=3a+b$　　　　　　　　$-2=3+b$

　　　　　$-6=-2a$　　　　　　　　　　$b=-5$

　　　　　　$a=3$　　　　　　　　　　答　$y=3x-5$

問4　次の条件を満たす1次関数の式を求めなさい。

(1) グラフが2点$(1,\ 2)$，$(5,\ -6)$を通る直線である。

(2) $x=-3$ のとき $y=-8$，$x=1$ のとき $y=4$ である。

▶解答　(1) 求める1次関数を $y=ax+b$ とすると

$a=\dfrac{-6-2}{5-1}=\dfrac{-8}{4}=-2$　したがって　$y=-2x+b$

点$(1,\ 2)$を通るから　$2=-2\times1+b$

これを b について解くと　$b=4$　　　　　　　答　$y=-2x+4$

(2)　求める1次関数を $y=ax+b$ とすると

$a=\dfrac{4-(-8)}{1-(-3)}=\dfrac{12}{4}=3$　したがって　$y=3x+b$

$x=1$ のとき $y=4$ だから　$4=3\times1+b$

これを b について解くと　$b=1$　　　　　　　　　　　　　答　$y=3x+1$

▶別解　(1)　求める1次関数を $y=ax+b$ とすると

$y=ax+b$ の x, y に，2点$(1, 2)$, $(5, -6)$ の x 座標，y 座標をそれぞれ代入すると

$2=a+b$　……①　　$-6=5a+b$　……②

①，②を連立方程式として解いて $\begin{cases} a=-2 \\ b=4 \end{cases}$　　　答　$y=-2x+4$

(2)　求める1次関数を $y=ax+b$ とすると

$x=-3$ のとき $y=-8$ だから　$-8=-3a+b$　……①

$x=1$ のとき $y=4$ だから　　　$4=a+b$　　……②

①，②を連立方程式として解いて $\begin{cases} a=3 \\ b=1 \end{cases}$　　　答　$y=3x+1$

チャレンジ　2点$(1, 1)$, $(5, 3)$ を通る直線の式を求めなさい。

▶解答　求める1次関数を $y=ax+b$ とすると

$a=\dfrac{3-1}{5-1}=\dfrac{2}{4}=\dfrac{1}{2}$　したがって　$y=\dfrac{1}{2}x+b$

点$(1, 1)$ を通るから　$1=\dfrac{1}{2}\times1+b$

これを b について解くと　$b=\dfrac{1}{2}$　　　　　　　　　答　$y=\dfrac{1}{2}x+\dfrac{1}{2}$

▶別解　求める1次関数を $y=ax+b$ とすると

$y=ax+b$ の x, y に，2点$(1, 1)$, $(5, 3)$ の x 座標，y 座標をそれぞれ代入すると

$1=a+b$　……①　　$3=5a+b$　……②

①，②を連立方程式として解いて $\begin{cases} a=\dfrac{1}{2} \\ b=\dfrac{1}{2} \end{cases}$　　　答　$y=\dfrac{1}{2}x+\dfrac{1}{2}$

問5　次の条件を満たす1次関数の式を求めなさい。

(1)　グラフが点$(5, 6)$ を通り，その切片が1である。

(2)　x の値が1増えると y の値が3増え，$x=1$ のとき $y=2$ である。

考え方　問題の条件から，$y=ax+b$ の a, b にあたる値をあてはめていく。

▶解答　(1)　求める1次関数を $y=ax+b$ とすると

切片が1だから　$b=1$　したがって　$y=ax+1$

点$(5, 6)$ を通るから　$6=5a+1$

これを a について解くと　$a=1$　　　　　　　　　　　答　$y=x+1$

(2)　求める1次関数を $y=ax+b$ とする。

　　x の値が1増えると y の値が3増えるから　$a=3$　したがって　$y=3x+b$

　　$x=1$ のとき $y=2$ だから　$2=3×1+b$

　　これを b について解くと　$b=-1$　　　　　　　　　　　　答　**$y=3x-1$**

問6　次の条件を満たす直線を，左の図(図は解答欄)にかきなさい。また，その直線の式を求めなさい。

(1)　2点 $(-4,\ -3)$，$(4,\ 3)$ を通る。　　　(2)　傾きが2で，点 $(2,\ 2)$ を通る。

(3)　切片が3で，点 $(-3,\ -2)$ を通る。

▶解答

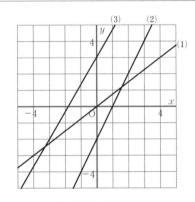

(1)　グラフより，**$y=\dfrac{3}{4}x$**

(2)　グラフより，切片が -2 で，傾きが2

　　したがって　**$y=2x-2$**

(3)　グラフより，切片が3で，

　　点 $(-3,\ -2)$ から右へ3進むと上へ5進む

　　から，直線の傾きは $\dfrac{5}{3}$

　　したがって　**$y=\dfrac{5}{3}x+3$**

補充問題15　次の図の直線(1)〜(4)の式を求めなさい。(教科書P.216)

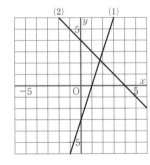 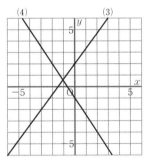

考え方　切片と傾きをグラフから読み取る。

▶解答　(1)　求める1次関数を $y=ax+b$ とすると

　　　　　　切片は -3 だから　$b=-3$

　　　　　　点 $(0,\ -3)$ から右へ1進むと上へ3進むから，直線の傾きは3

　　　　　　したがって　$a=3$　　　　　　　　　　　　　　答　**$y=3x-3$**

　　　　(2)　求める1次関数を $y=ax+b$ とすると

　　　　　　切片は4だから　$b=4$

　　　　　　点 $(0,\ 4)$ から右へ1進むと下へ1進むから，直線の傾きは -1

　　　　　　したがって　$a=-1$　　　　　　　　　　　　　答　**$y=-x+4$**

(3)　求める1次関数を $y=ax+b$ とすると

切片は2だから　$b=2$

点$(0,\ 2)$から右へ3進むと上へ4進むから，直線の傾きは$\dfrac{4}{3}$

したがって　$a=\dfrac{4}{3}$　　　　　　　　　　　　　答　$y=\dfrac{4}{3}x+2$

(4)　求める1次関数を $y=ax+b$ とすると

切片は -1 だから　$b=-1$

点$(0,\ -1)$から右へ2進むと下へ3進むから，直線の傾きは$-\dfrac{3}{2}$

したがって　$a=-\dfrac{3}{2}$　　　　　　　　　　　答　$y=-\dfrac{3}{2}x-1$

補充問題16　次の条件を満たす1次関数を求めなさい。（教科書P.217）

(1)　$x=3$ のとき $y=-1$ で，変化の割合が -4 である。

(2)　グラフが点$(4,\ 3)$を通り，その傾きが2である。

(3)　$x=3$ のとき $y=0$ で，グラフが直線 $y=-x-1$ に平行である。

(4)　グラフが2点$(1,\ -4)$，$(5,\ 8)$を通る。

(5)　$x=-2$ のとき $y=12$，$x=2$ のとき $y=-8$ である。

(6)　グラフが点$(2,\ 6)$を通り，その切片が -2 である。

(7)　x の値が1増えると y の値が4増え，$x=2$ のとき $y=5$ である。

考え方　問題の条件から，$y=ax+b$ の a，b にあたる値をあてはめていく。

▶解答　(1)　求める1次関数を $y=ax+b$ とすると

変化の割合が -4 だから　$a=-4$

したがって　$y=-4x+b$

$x=3$ のとき $y=-1$ だから　$-1=-4\times3+b$

これを b について解くと　$b=11$　　　　　　答　$y=-4x+11$

(2)　求める1次関数を $y=ax+b$ とすると

傾きが2だから　$a=2$

したがって　$y=2x+b$

点$(4,\ 3)$を通るから　$3=2\times4+b$

これを b について解くと　$b=-5$　　　　　　答　$y=2x-5$

(3)　求める1次関数を $y=ax+b$ とすると

直線 $y=-x-1$ に平行だから　$a=-1$

したがって　$y=-x+b$

$x=3$ のとき $y=0$ だから　$0=-3+b$

これを b について解くと　$b=3$　　　　　　　答　$y=-x+3$

(4)　求める1次関数を $y=ax+b$ とすると

$a=\dfrac{8-(-4)}{5-1}=\dfrac{12}{4}=3$　したがって　$y=3x+b$

点$(1,\ -4)$を通るから　$-4=3\times1+b$

これを b について解くと　$b=-7$　　　　　　答　$y=3x-7$

(5) 求める1次関数を $y=ax+b$ とすると

$a=\dfrac{-8-12}{2-(-2)}=\dfrac{-20}{4}=-5$　したがって　$y=-5x+b$

$x=-2$ のとき $y=12$ だから　$12=-5\times(-2)+b$

これを b について解くと　$b=2$　　　　　　　答　**$y=-5x+2$**

(6) 求める1次関数を $y=ax+b$ とすると

切片が -2 だから　$b=-2$　したがって　$y=ax-2$

点 $(2,\ 6)$ を通るから　$6=a\times2-2$

これを a について解くと　$a=4$　　　　　　　答　**$y=4x-2$**

(7) 求める1次関数を $y=ax+b$ とすると

x の値が1増えると y の値が4増えるから　$a=4$

したがって　$y=4x+b$

$x=2$ のとき $y=5$ だから　$5=4\times2+b$

これを b について解くと　$b=-3$　　　　　　　答　**$y=4x-3$**

▶**別解**　(4) 求める1次関数を $y=ax+b$ とすると

$y=ax+b$ の $x,\ y$ に，2点 $(1,\ -4),\ (5,\ 8)$ の x 座標, y 座標をそれぞれ代入すると

$-4=a+b$　……①　　$8=5a+b$　……②

①，②を連立方程式として解いて　$\begin{cases} a=3 \\ b=-7 \end{cases}$　　　　答　**$y=3x-7$**

(5) 求める1次関数を $y=ax+b$ とすると

$x=-2$ のとき $y=12$ だから　　$12=-2a+b$　……①

$x=2$ のとき $y=-8$ だから　　$-8=2a+b$　……②

①，②を連立方程式として解いて　$\begin{cases} a=-5 \\ b=2 \end{cases}$　　　　答　**$y=-5x+2$**

❗**注**　(3) 平行な2直線の傾きは等しい。

問7　右の図からは，直線の切片が読み取れません。

この直線の式を求めるには，どんな方法がありますか。

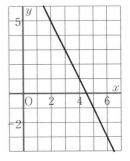

▶**解答**　・彩さんの方法

直線が通る2点の座標をよみ取る。たとえば, 点$(3,3)$,
$(4,\ 1)$ の $x,\ y$ の値を, $y=ax+b$ にそれぞれ代入し,
$a,\ b$ についての連立方程式をつくって解く。解が
$a=-2,\ b=9$ より $y=-2x+9$ となる。

・陸さんの方法

直線が点$(3,\ 3)$を通り，そこから右へ1進むと，下へ2進むことから，傾きが -2 と
わかる。したがって，$y=-2x+b$ となる。この式に $x=3,\ b=3$ を代入し，b につ
いて解くと，$b=9$ となる。これらより，$y=-2x+9$ となる。

基本の問題

1　次の⑦〜⑰の中から，y が x の1次関数であるものをすべて選びなさい。

⑦　$y=3x-8$　　　　　　④　$y=x$　　　　　　⑨　$y=\dfrac{5}{x}$

④　$y=\dfrac{1}{4}x$　　　　　⑦　$y=7-2x$　　　　⑰　$y=x^2+1$

考え方　整理すると $y=ax+b$（または，$y=ax$）の形になるものが1次関数である。

▶解答　⑦，④，④，⑦

2　次の⑦〜④の直線の中に，1次関数 $y=-4x+3$ のグラフがあります。正しいものを1つ選びなさい。

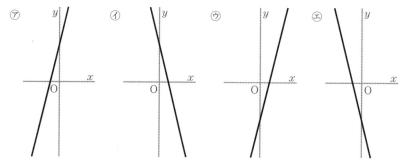

考え方　切片，傾きからあてはまるグラフを選ぶ。傾きが負のときは，右下がりのグラフである。

解答　切片が3だから，⑦か④である。
　　　そのうち，傾きが -4 だから，右下がりのグラフになる④である。

3　次の1次関数のグラフを，右の図にかきなさい。

(1)　$y=-3x+1$　　　　　　　　　　(2)　$y=\dfrac{2}{3}x+3$

▶解答　(1)　切片が1だから，点 $(0,\ 1)$ を通る。
　　　　　　傾きが -3 だから，点 $(0,\ 1)$ から
　　　　　　右へ1進むと下へ3進む。
　　　(2)　切片が3だから，点 $(0,\ 3)$ を通る。
　　　　　　傾きが $\dfrac{2}{3}$ だから，点 $(0,\ 3)$ から
　　　　　　右へ3進むと上へ2進む。

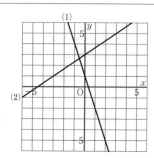

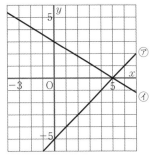

| ④ | 次の条件を満たす1次関数の式を求めなさい。 |

(1)　グラフが右の図の直線⑦である。

(2)　グラフが右の図の直線⑦である。

(3)　グラフが点(1, −2)を通り, 傾きが−1である。

(4)　$x = -4$のとき$y = 1$, $x = 4$のとき$y = -3$である。

考え方　グラフや問題の条件から, $y = ax + b$のa, bにあたる値をあてはめていく。

▶解答　(1)　求める1次関数を$y = ax + b$とすると,

　　　切片は−5だから　$b = -5$

　　　点$(0, -5)$から右へ1進むと上へ1進むから, 直線の傾きは1

　　　したがって　$a = 1$　　　　　　　　　　　　　　　　　　　　答　**$y = x - 5$**

(2)　求める1次関数を$y = ax + b$とすると,

　　　切片は3だから　$b = 3$

　　　点$(0, 3)$から右へ5進むと下へ3進むから, 直線の傾きは$-\dfrac{3}{5}$

　　　したがって　$a = -\dfrac{3}{5}$　　　　　　　　　　　　　答　**$y = -\dfrac{3}{5}x + 3$**

(3)　求める1次関数を$y = ax + b$とすると

　　　傾きが−1だから　$a = -1$

　　　したがって　$y = -x + b$

　　　点$(1, -2)$を通るから　$-2 = -1 \times 1 + b$

　　　これをbについて解くと　$b = -1$　　　　　　　　　答　**$y = -x - 1$**

(4)　求める1次関数を$y = ax + b$とすると

　　　$a = \dfrac{-3-1}{4-(-4)} = \dfrac{-4}{8} = -\dfrac{1}{2}$　　したがって　$y = -\dfrac{1}{2}x + b$

　　　$x = -4$のとき$y = 1$だから　$1 = -\dfrac{1}{2} \times (-4) + b$

　　　これをbについて解くと　$b = -1$　　　　　　　答　**$y = -\dfrac{1}{2}x - 1$**

▶別解　(4)　求める1次関数を$y = ax + b$とすると

　　　$x = -4$のとき$y = 1$だから　　$1 = -4a + b$　……①

　　　$x = 4$のとき$y = -3$だから　　$-3 = 4a + b$　……②

　　　①, ②を連立方程式として解いて　$\begin{cases} a = -\dfrac{1}{2} \\ b = -1 \end{cases}$　　答　**$y = -\dfrac{1}{2}x - 1$**

② 節 1次方程式と1次関数

1 2元1次方程式のグラフ

基本事項ノート

→2元1次方程式のグラフ

2元1次方程式 $ax+by=c$ のグラフは直線である。

例 2元1次方程式 $2x+4y=3$ を y について解くと，$y=-\dfrac{1}{2}x+\dfrac{3}{4}$ で，直線の式になる。

→x軸に平行な直線

$y=k$ のグラフは，点 $(0,\ k)$ を通り，x 軸に平行な直線である。

例 $y=1$ のグラフは，点 $(0,\ 1)$ を通り，x 軸に平行な直線である。

→y軸に平行な直線

$x=h$ のグラフは，点 $(h,\ 0)$ を通り，y 軸に平行な直線である。

例 $x=-2$ のグラフは，点 $(-2,\ 0)$ を通り，y 軸に平行な直線である。

Q 次の2元1次方程式①を成り立たせる x，y の値（あたい）の組を座標とする点を座標平面上に表して，点の並び方を調べましょう。

$2x-y=3$ …… ①

x の値の間を細かくして，点の数を増やしていくと，これらの点は，どのように並ぶと予想されますか。

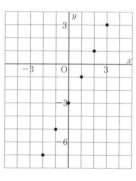

▶解答

x	…	-2	-1	0	1	2	3	…
y	…	-7	-5	-3	-1	1	3	…

点を多くとっていくと，これらの点の集まりは，**一直線上に並ぶと予想される。**

問1 次の2元1次方程式のグラフを，右の図にかきなさい。

(1) $2x-3y=6$ 　　(2) $5x+2y=8$

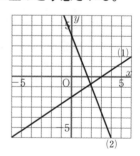

▶解答 (1) $2x-3y=6$ より　$y=\dfrac{2}{3}x-2$

　　　(2) $5x+2y=8$ より　$y=-\dfrac{5}{2}x+4$

問2 次の方程式のグラフを，左の図にかきなさい。

(1) $y=-1$ 　(2) $6y-18=0$ 　(3) $y=0$

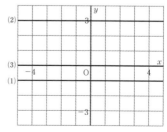

▶解答 (1) 点 $(0,\ -1)$ を通り，x 軸に平行な直線

　　　(2) y について解くと　$y=3$

　　　　　点 $(0,\ 3)$ を通り，x 軸に平行な直線

　　　(3) x 軸と同じ直線

問3 次の方程式のグラフを，左の図にかきなさい。
  (1) $5x=5$　　(2) $-x-4=0$　　(3) $x=0$

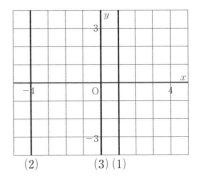

▶**解答** (1) xについて解くと　$x=1$
　　　　　　点$(1,\ 0)$を通り，y軸に平行な直線
　　　　　(2) xについて解くと　$x=-4$
　　　　　　点$(-4,\ 0)$を通り，y軸に平行な直線
　　　　　(3) y軸と同じ直線

2 連立方程式の解とグラフ

基本事項ノート

→連立方程式の解をグラフで求める方法

　$x,\ y$についての連立方程式の解は，それぞれの方程式のグラフの交点のx座標，y座標の組である。

例 $\begin{cases} 2x-y=4 \\ x+y=5 \end{cases}$ の解は，それぞれのグラフの交点の座標$(3,\ 2)$から$\begin{cases} x=3 \\ y=2 \end{cases}$である。

→2直線の交点の座標を連立方程式で求める方法

　2直線の交点の座標は，2つの直線の式を連立方程式として解いた解の$(x,\ y)$である。

例 2直線$2x-y=4\cdots$①と$x+y=5\cdots$②のグラフの交点の座標は，①と②を連立方程式として

　　　解いた解$\begin{cases} x=3 \\ y=2 \end{cases}$から，$(3,\ 2)$である。

問1 次の連立方程式の解を，グラフを使って求めなさい。

  (1) $\begin{cases} y=2x+4 \\ y=x+1 \end{cases}$　　　　　　(2) $\begin{cases} 3x-y=4 \\ x+2y=6 \end{cases}$

考え方 2つの直線のグラフの交点の座標が連立方程式の解である。

▶**解答** (1) $\begin{cases} y=2x+4 \\ y=x+1 \end{cases}$

　　　　　2つのグラフの交点の座標は$(-3,\ -2)$である。

　　　　　したがって $\begin{cases} \boldsymbol{x=-3} \\ \boldsymbol{y=-2} \end{cases}$

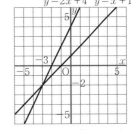

　　　　(2) $\begin{cases} 3x-y=4 & \cdots\cdots① \\ x+2y=6 & \cdots\cdots② \end{cases}$　　①から　$y=3x-4$

　　　　　　　　　　　　　　　　②から　$y=-\dfrac{1}{2}x+3$

　　　　　①，②のグラフの交点の座標は$(2,\ 2)$である。

　　　　　したがって $\begin{cases} \boldsymbol{x=2} \\ \boldsymbol{y=2} \end{cases}$

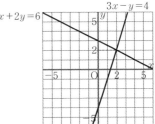

問2 右の図の2直線 ℓ, m の交点の座標を求めなさい。

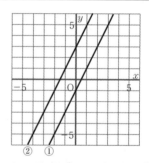

考え方 連立方程式の解が2つの方程式のグラフの交点である。

▶解答 直線 ℓ の式は傾きが -3, 切片が3だから, $y=-3x+3$ ……①

直線 m の式は傾きが $-\dfrac{1}{2}$, 切片が -2 だから,

$$y=-\dfrac{1}{2}x-2 \quad ……②$$

①, ②を連立方程式として解くと, $\begin{cases} x=2 \\ y=-3 \end{cases}$

したがって, 交点の座標は $(2, -3)$

答 **$(2, -3)$**

問3 次の連立方程式(1), (2)について, それぞれの2元1次方程式のグラフを, 下の図にかきましょう。また, これらの連立方程式の解について, 気づいたことを話し合いましょう。

(1) $\begin{cases} 2x-y=1 \\ 6x-3y=-9 \end{cases}$ (2) $\begin{cases} \dfrac{1}{2}x+y=2 \\ 2x+4y=8 \end{cases}$

▶解答

(1) $\begin{cases} 2x-y=1 & ……① \\ 6x-3y=-9 & ……② \end{cases}$

①を y について解くと $\quad y=2x-1$

②を y について解くと $\quad y=2x+3$

グラフは右の図のように平行になる。

したがって, **2直線は交わらないので,
連立方程式の解はない。**

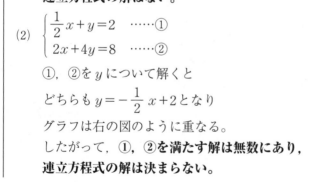

(2) $\begin{cases} \dfrac{1}{2}x+y=2 & ……① \\ 2x+4y=8 & ……② \end{cases}$

①, ②を y について解くと

どちらも $y=-\dfrac{1}{2}x+2$ となり

グラフは右の図のように重なる。

したがって, **①, ②を満たす解は無数にあり,
連立方程式の解は決まらない。**

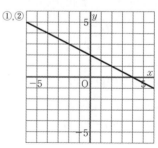

補充問題17　次の連立方程式の解を，グラフを使って求めなさい。（教科書P.217）

(1) $\begin{cases} y = x + 1 \\ y = 2x - 3 \end{cases}$ 　　　(2) $\begin{cases} y = x - 3 \\ x + 2y = 6 \end{cases}$

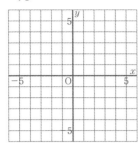 　　　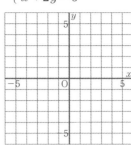

▶解答

(1) $\begin{cases} y = x + 1 \\ y = 2x - 3 \end{cases}$

2つのグラフの交点の座標は，

(4，5)である。

したがって　$\begin{cases} \boldsymbol{x = 4} \\ \boldsymbol{y = 5} \end{cases}$

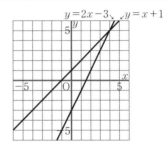

(2) $\begin{cases} y = x - 3 \\ x + 2y = 6 \end{cases}$

2つのグラフの交点の座標は，

(4，1)である。

したがって　$\begin{cases} \boldsymbol{x = 4} \\ \boldsymbol{y = 1} \end{cases}$

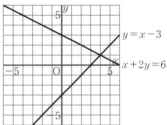

補充問題18　次の図について，下の問いに答えなさい。（教科書P.217）

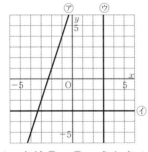 　　　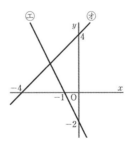

(1)　直線⑦〜⑦の式を求めなさい。

(2)　2直線⑦，⑦の交点の座標を求めなさい。

(3)　2直線⑤，⑦の交点の座標を求めなさい。

▶解答

(1) ⑦　求める1次関数を $y=ax+b$ とすると，2点 $(-1,\ 4)$，$(-2,\ 1)$ を通るから

$a=\dfrac{1-4}{-2-(-1)}=\dfrac{3}{1}=3$　したがって　$y=3x+b$

点 $(-2,\ 1)$ を通るから　$1=3\times(-2)+b$

これを b について解くと　$b=7$　　　　　　　　　　　　答　$\boldsymbol{y=3x+7}$

④　点 $(0,\ -3)$ を通り x 軸に平行な直線だから $y=-3$　　　　　答　$\boldsymbol{y=-3}$

⑦　点 $(3,\ 0)$ を通り y 軸に平行な直線だから $x=3$　　　　　　答　$\boldsymbol{x=3}$

⑤　求める1次関数を $y=ax+b$ とすると，切片が -2 だから　$b=-2$

したがって　$y=ax-2$

点 $(-1,\ 0)$ を通るから　$0=-a-2$

これを a について解くと　$a=-2$　　　　　　　　答　$\boldsymbol{y=-2x-2}$

⑦　求める1次関数を $y=ax+b$ とすると，切片が 4 だから　$b=4$

したがって　$y=ax+4$

点 $(-4,\ 0)$ を通るから　$0=-4a+4$

これを a について解くと　$a=1$　　　　　　　　答　$\boldsymbol{y=x+4}$

(2) $y=3x+7$ に $y=-3$ を代入すると　$-3=3x+7$

これを x について解くと $x=-\dfrac{10}{3}$　　　　　　答　$\left(-\dfrac{\boldsymbol{10}}{\boldsymbol{3}},\ \boldsymbol{-3}\right)$

(3) $\begin{cases} ⑤ & y=-2x-2 \\ ⑦ & y=x+4 \end{cases}$ を連立方程式として解くと $\begin{cases} x=-2 \\ y=2 \end{cases}$

答　$\boldsymbol{(-2,\ 2)}$

基本の問題

① 次の⑦～⑤の式で表される直線の中から，下の(1)～(4)にあてはまるものをすべて選びなさい。

⑦　$6x-9y=27$　　　④　$2x=4$　　　⑦　$3x-2y=2$　　　⑤　$y=\dfrac{2}{3}$

(1) 点 $(2,\ 2)$ を通る。

(2) 1次関数 $y=\dfrac{2}{3}x-5$ のグラフに平行な直線である。

(3) x 軸に平行な直線である。

(4) y 軸に平行な直線である。

考え方 (1) $x=2$ を代入して，$y=2$ となるもの。

(2) 平行な2直線の傾きは等しいから，1次関数のうち，傾きが $\dfrac{2}{3}$ になるもの。

(3) $y=k$（定数）となるもの。

(4) $x=h$（定数）となるもの。

▶解答 (1) ⑦　式を y について解くと　$y=\dfrac{2}{3}x-3$

$x=2$ を代入すると　$y=\dfrac{2}{3}\times2-3=-\dfrac{5}{3}$

したがって，⑦は点 $(2,\ 2)$ を通らない。

　㋑　式を簡単にすると　　　$x=2$

　　　点$(2,0)$を通り，y軸と平行な直線で，yの値に関わらずxは常に2であるから，点$(2,2)$を通る。

　㋒　式をyについて解くと　　　$y=\dfrac{3}{2}x-1$

　　　$x=2$を代入すると　　　$y=\dfrac{3}{2}\times2-1=2$

　　　したがって，㋒は点$(2,2)$を通る。

　㋓　$y=\dfrac{2}{3}$の直線は，点$\left(0,\dfrac{2}{3}\right)$を通り，$x$軸と平行な直線で，$x$の値に関わらず

　　　yは常に$\dfrac{2}{3}$であるから，点$(2,2)$を通らない。　　　　　答　㋑，㋒

(2)　㋐〜㋓の中で，傾きが$\dfrac{2}{3}$になるのは，㋐　　　　　　　答　㋐

(3)　x軸に平行な直線の式は，$y=k$で表されるから，㋓　　　　答　㋓

(4)　y軸に平行な直線の式は，$x=h$で表されるから，㋑　　　　答　㋑

2　次の方程式のグラフを，右の図にかきなさい。

(1)　$x+3y=6$　　(2)　$4x-3y=9$　　(3)　$5y+10=0$　　(4)　$6x+18=0$

考え方　(1), (2)　$y=ax+b$の形にする。(3)はx軸に平行な直線。(4)はy軸に平行な直線。

▶解答　(1)　式をyについて解くと　　　$y=-\dfrac{1}{3}x+2$

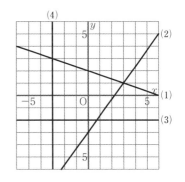

　　　切片が2，傾きが$-\dfrac{1}{3}$の直線である。

(2)　式をyについて解くと　　　$y=\dfrac{4}{3}x-3$

　　　切片が-3，傾きが$\dfrac{4}{3}$の直線である。

(3)　式をyについて解くと　　　$y=-2$

　　　点$(0,-2)$を通り，x軸に平行な直線である。

(4)　式をxについて解くと　　　$x=-3$

　　　点$(-3,0)$を通り，y軸に平行な直線である。

3　**2**の(1)の方程式と(2)の方程式を組にした連立方程式

$$\begin{cases} x+3y=6 \\ 4x-3y=9 \end{cases}$$　の解を，グラフから求めなさい。

考え方　連立方程式の解は，それぞれの方程式のグラフの交点のx座標，y座標の組である。

▶解答　**2**のグラフから，(1)の直線と(2)の直線の交点の座標は$(3,1)$

答　$\begin{cases} \boldsymbol{x=3} \\ \boldsymbol{y=1} \end{cases}$

> **4** 右の図で，2直線 ℓ，m の交点の座標を求めなさい。

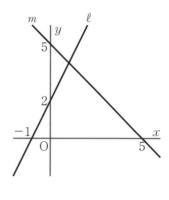

考え方 2直線の交点の座標は，2つの直線の式を連立方程式と
して解いた解の $(x,\ y)$ である。

▶**解答** 直線 ℓ の式は，グラフから，切片が2，傾きが2だから，

$y = 2x + 2$　……①

直線 m の式は，グラフから，切片が5，傾きが -1 だから，

$y = -x + 5$　……②

①，②を連立方程式として解くと $\begin{cases} x = 1 \\ y = 4 \end{cases}$

答　**(1, 4)**

3節 1次関数の活用

1 1次関数とみなして考えること

基本事項ノート

➡1次関数とみなして考えること

実験で得られたデータを，関数の考え方を活用して考察する。

例 あるばねで，5gのおもりを下げるとばねの長さは20cmになり，12gのおもりを下げる
とばねの長さは27cmになる。x gのおもりを下げたときのばねの長さを y cmとすると，
$y = x + 15$ となり，1次関数の考え方を活用できる。

問1 **例1**の直線を1次関数のグラフとみて，次の問いに答えなさい。

(1) y を x の式で表しなさい。
(2) グラフの傾きと切片は，それぞれ何を表していますか。

▶**解答** (1) グラフから，切片は20，傾きは5だから　$a = 5$，$b = 20$　　　　答　$\boldsymbol{y = 5x + 20}$

(2) **傾きは，1分間に上がる水温，切片は，水を熱する前の水温**

問2 **例1**の実験を続けたとき，水温が60℃となるのは熱し始めてから何分後かをグラフや
式から予想し，どのように考えたかを説明しなさい。

▶**解答** **8分後**

（説明）**グラフの直線を伸ばしていくと，$y = 60$ のときの x の値は8と予想できる。**
また，問1の(1)の式から，水温が60℃となるのは $y = 60$ のときだから，
$y = 60$ を $y = 5x + 20$ に代入すると
$60 = 5x + 20$　$x = 8$
したがって，8分後と予想できる。

問3　右の図は，長さ14cmの線香に火をつけてからの時^{せんこう}間と線香の長さの関係を，2分ごとに10分後までかき入れたものです。
次の問いに答えなさい。

(1)　翼さんは，このグラフを見て，「線香に火をつ^{つばさ}けてからx分後の線香の長さを$y$cmとすると，yはxの1次関数とみなすことができる。」と考えました。それは，グラフのどのような特^{とく}徴からでしょうか。その特徴を説明しなさい。^{ちょう}

(2)　このまま燃やし続けると，線香が燃えつきるのは，火をつけてから何分後と予想できますか。どのように考えたかも説明しなさい。

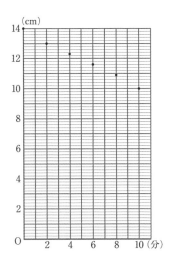

考え方　yをxの式で表すと，1次関数であることがわかる。

▶解答　(1)　グラフのすべての点をつなぐと，**直線になる。**

(2)　**35分後**

（説明）　**グラフから，切片は14，傾きは$-\dfrac{4}{10}=-\dfrac{2}{5}$だから，**

yをxの式で表すと　$y=-\dfrac{2}{5}x+14$

線香が燃えつきるのは$y=0$のときだから，

$y=0$を$y=-\dfrac{2}{5}x+14$に代入すると

$0=-\dfrac{2}{5}x+14$　　$x=35$

したがって，35分後と予想できる。

数学のたんけん　　雷に気をつけよう

1　気温が30℃で，稲妻が見えてから8秒後に雷鳴が聞こえたとき，雷までの距離は約何^{いなづま}^{らいめい}^{かみなり}mと考えられますか。

▶解答　$y=0.6x+331.5$に$x=30$を代入すると

　　$y=0.6\times30+331.5$　　$y=349.5$

よって，気温30℃のときの音が空気中を伝わる速さが秒速349.5mで，

稲妻が見えてから8秒後に雷鳴が聞こえたから，雷までの距離は

$349.5\times8=2796$（m）　　　　　　　　　　　　　　　　答　**約2800m**

2　表，グラフ，式の活用

基本事項ノート

→表, 式, グラフの活用

　ともなって変わる2つの数量の関係を1次関数の表や式，グラフを活用して考える。

例 右の図の△ABCは，∠C＝90°の直角三角形です。点Pが
B を出発して，秒速1cmで△ABCの辺上をC，Aの順に
A まで動きます。
点PがBを出発してから x 秒後の△ABPの面積を y cm^2
とするとき，点Pが辺BC，CA上を動くときの x と y の
関係を，図や表，グラフ，式に表して調べましょう。

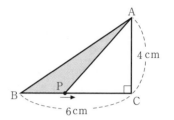

問1 x の値が次の(1)〜(3)のときの点Pの位置を図にかき，そのときの y の値を求めなさい。
ただし，図の1めもりは1cmとします。

考え方 三角形の面積 $=\dfrac{1}{2}\times(底辺)\times(高さ)$

　　　　(1), (2)はBPを底辺とみる。(3)はPAを底辺とみる。

▶解答　(1)　$x=2$　　　　　　(2)　$x=6$　　　　　　(3)　$x=8$

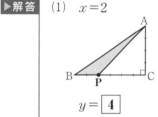　　　　　　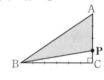

　　　　$y=\boxed{4}$　　　　　　$y=\boxed{12}$　　　　　　$y=\boxed{6}$

$y=\dfrac{1}{2}\times2\times4=4$　　$y=\dfrac{1}{2}\times6\times4=12$　　$y=\dfrac{1}{2}\times2\times6=6$

問2 x と y の関係を，次の表に整理しなさい。また，下の□にあてはまる数をかき入れなさい。

▶解答

x	0	1	2	3	4	5	6	7	8	9	10
y	0	2	4	6	8	10	12	9	6	3	0

y の値が最大となるのは，$x=\boxed{6}$ のときである。

また，y の値が0となるのは，$x=0$ のときと，

$x=\boxed{10}$ のときである。

問3　前ページの表をもとに，x と y の関係を表すグラフを
かきなさい。

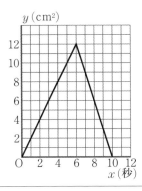

▶解答　右のグラフ。

問4　これまでに調べたことから，x と y の関係を表す関数は，次の2つの場合に分けて考えることになります。それぞれの場合について，y を x の式で表しなさい。

▶解答　㋐　点Pが辺BC上を動くとき
　　　　　　変化の割合が2で，y は x に
　　　　　　比例するので
　　　　　　$y=\boxed{\boldsymbol{2x}}$
　　　　　　$(0\leqq x\leqq\boxed{\boldsymbol{6}})$

　　　　　㋑　点Pが辺CA上を動くとき
　　　　　　変化の割合が -3 だから $y=-3x+b$
　　　　　　また，グラフが点 $(10,\ 0)$ を通るので
　　　　　　$x=10,\ y=0$ を代入して
　　　　　　$0=-3\times10+b$　より $b=30$
　　　　　　$y=\boxed{\boldsymbol{-3x+30}}$
　　　　　　$(\boxed{\boldsymbol{6}}\leqq x\leqq\boxed{\boldsymbol{10}})$

問5　△ABPの面積が6cm²になるのは，点PがBを出発してから何秒後と何秒後ですか。
また，△ABPの面積が9cm²になるのは，点PがBを出発してから何秒後と何秒後ですか。いろいろな求め方を考えて，どのような求め方があるか，話し合ってみましょう。

▶解答　面積が6cm²になるのは，**3秒後と8秒後**
　　　（求め方）**問2**の表，**問3**のグラフから，$y=6$ となるのは $x=3$ と $x=8$
　　　　　　　　また，**問4**の㋐，㋑の式にそれぞれ $y=6$ を代入すると
　　　　　　　　　㋐　$6=2x$　　$x=3$
　　　　　　　　　㋑　$6=-3x+30$　　　$x=8$
　　　　　　　　したがって，3秒後と8秒後である。
　　　面積が9cm²になるのは，**4.5秒後と7秒後**
　　　（求め方）**問2**の表，**問3**のグラフから，$y=9$ となるのは $x=4.5$ と $x=7$
　　　　　　　　また，**問4**の㋐，㋑の式にそれぞれ $y=9$ を代入すると
　　　　　　　　　㋐　$9=2x$　　$x=4.5$
　　　　　　　　　㋑　$9=-3x+30$　　　$x=7$
　　　　　　　　したがって，4.5秒後と7秒後である。

問6　ここでの学習から，関数の表，グラフ，式のそれぞれのよさについてふり返りましょう。

▶解答　（例）表　　…x と y の対応を見ることができる。
　　　　　　　グラフ …x と y の変化の様子を見ることができる。
　　　　　　　式　　　…x や y の正確な値を求めることができる。　　など

3　身近な数量の関係を表すグラフ

基本事項ノート

→身近な数量の関係を表すグラフ

1次関数のグラフをもとに，変化のようすを調べる。また，ともなって変わる2つの数量の関係を1次関数の考え方を用いて説明する。

例1　答　$300x$，4

問1　**例1**をふり返って，次の問いに答えなさい。
(1)　グラフの傾きの300は，どのような数量を表していますか。
(2)　真さんは，自宅を出て3分後に，自宅から何mの所にいましたか。

▶解答　(1)　**自宅から友人の家までの真さんの速さ。**
(2)　3分後は $0 \leqq x \leqq 4$ を満たすので，$x=3$ を $y=300x$ に代入すると
$y = 300 \times 3 = 900$　　　　　　　　　　　　　　答　**900m**

問2　**例1**のグラフをもとに，友人の家から駅までについて，y を x の式で表しなさい。また，x の変域を表しなさい。

▶解答　グラフを通る2点の座標から式を求める。
求める式を $y = ax + b$ とする。
友人の家から駅までの間だから，x の変域は　$4 \leqq x \leqq 12$

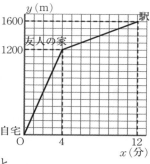

例1のグラフが2点 $(4,\ 1200)$，$(12,\ 1600)$ を通るから
$a = \dfrac{1600 - 1200}{12 - 4} = \dfrac{400}{8} = 50$　したがって　$y = 50x + b$
点 $(4,\ 1200)$ を通るから　$1200 = 50 \times 4 + b$
これを b について解くと　$b = 1000$
　　　　　　　答　$y = 50x + 1000$　（$4 \leqq x \leqq 12$）

▶別解　$y = ax + b$ に2点 $(4,\ 1200)$，$(12,\ 1600)$ をそれぞれ代入すると
　　$1200 = 4a + b$ ……①　　　　$1600 = 12a + b$ ……②

①，②を連立方程式として解いて $\begin{cases} a = 50 \\ b = 1000 \end{cases}$　　答　$y = 50x + 1000$　（$4 \leqq x \leqq 12$）

問3　**例1**で，真さんが自宅を出た1分後に，真さんの姉は，自宅から真さんを追いかけました。姉は分速200mで進んだとします。次の問いに答えなさい。
(1)　姉が自宅を出てから真さんに追いつくまでの，進んだようすを表す関数のグラフを，**例1**の図にかき入れなさい。
(2)　姉が真さんに追いつくのは，自宅から何mの所ですか。また，それは，真さんが自宅を出た何分後ですか。

考え方　姉の速さは分速200mだから，グラフの傾きは200。

▶解答　(1)

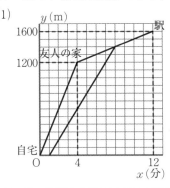

(2) (1)のグラフより，真さんの
グラフと姉のグラフの交点
の座標は(8，1400)
したがって，姉が真さんに
追いついたのは，自宅から
1400mの所で，真さんが自
宅を出た**8分後**である。

問4　明美さんは，自宅から600m離れた図書館まで歩いて行き，本を返した後，来たとき
と同じ道を通って自宅へ帰りました。次の図は，明美さんが自宅を出てからの時間と，
自宅からの道のりの関係を表したグラフです。下の問いに答えなさい。

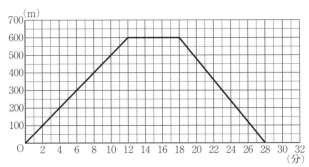

(1) 明美さんは図書館に何分間いましたか。

(2) 明美さんの歩く速さは，行きと帰りで，どちらが速かったですか。

(3) 兄は，明美さんが自宅を出た19分後に自宅を出て，図書館まで同じ道を歩いて行
きました。このとき，2人は，自宅から300mの所ですれちがいました。
兄の歩く速さは一定だったとすると，兄が図書館に着いたのは，明美さんが自宅
を出た何分後ですか。

▶解答　(1) グラフから，自宅を出た12分後から18分後までだから，

18−12＝6(分間)　　　　　　　　　　　　　　　　　答　**6分間**

(2) 家から図書館まで，行きは12分，帰りは28−18＝10(分)かかっているので
帰りの方が速い。

(3) 兄のグラフは，明美さんが自宅を出た19分後に自宅を出たことから，点(19，0)，
自宅から300mの所ですれ違ったことから，点(23，300)の2点を通る。

よって兄の速さは　$\dfrac{300-0}{23-19}=\dfrac{300}{4}=75$　　分速75mである。

したがって，兄が出発してから図書館に着くまで600÷75＝8(分間)かかる。
よって，兄が図書館に着いたのは，明美さんが自宅を出てから

19＋8＝27(分後)である。　　　　　　　　　　　　　　答　**27分後**

4　総費用で比べよう

基本事項ノート

→身のまわりの問題を1次関数で考える

生活の中にある身近な問題について，1次関数の考えを活用して考察する。

❶　(1)　商品Aと商品Bを値段で比べると，安いのは商品Aです。しかし，年間の電気代
で比べると，安いのは商品Bです。
以上のことから，どのようなことが予想できますか。

(2)　**Q** について調べるには，どのような方法が考えられますか。

▶解答　(1)(例)　**商品Aと商品Bを何年間か使用したときに，総費用が同じになるときがくる
と予想される。**

(2)(例)　**・商品Aと商品Bについて，x 年後の総費用を y 円とする式をつくり，グラ
フに表して比較する。**

　　　　・商品Aと商品Bについて，1年ごとにかかる総費用を表にして比較する。 など。

❷　右の図の①のグラフは，商品Aと商品Bのいずれかに
ついて，x 年間使用したときの総費用を y 万円として
かいたグラフです。

(1)　①のグラフは，商品Aと商品Bのどちらのグラフ
ですか。

(2)　①のグラフの傾きと切片は，それぞれどんな数量
を表していますか。

(3)　もう一方の商品についても，①と同じように x と
y を考えることにします。その x と y の間の関係
を表すグラフを，右の図にかき入れましょう。

(4)　商品Aと商品Bのそれぞれについて，x と y の間
の関係を式に表しましょう。

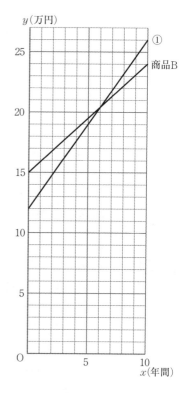

▶解答　(1)　**商品A**

(2)　傾き…**商品Aの1年間の電気代**

　　　切片…**商品Aの値段**

(3)　右の図

(4)　商品A…$y = 14000x + 120000$

　　　商品B…$y = 9000x + 150000$

❸　使用年数で場合分けをして，商品Aと商品Bのどちらの総費用が安くなるかを整理し
ましょう。また，どのように考えたか説明し伝え合いましょう

▶解答　❷のグラフから，商品Aと商品Bの総費用は6年後に同じになることがわかるから，次のように場合を分けることができる。

使用年数＜6年の場合……商品Aの方が安い

使用年数＞6年の場合……商品Bの方が安い

▶別解　商品Aと商品Bの式を連立方程式として解く。

$$\begin{cases} y=14000x+120000 & \cdots\cdots(\text{i}) \\ y=9000x+150000 & \cdots\cdots(\text{ii}) \end{cases}$$

（ i ）を（ ii ）に代入すると，

$$14000x+120000=9000x+150000$$

$$5000x=30000$$

$$x=6$$

したがって，6年後に総費用は同じになる。　など

❹　商品Aと商品Bの総費用を比べるとき，これまでに学んできたどんな方法や考え方が役に立ちましたか。

▶解答　（例）　・**数量の関係に着目する。**

（使用年数と総費用）

・**根拠を明らかにする。**

（表，グラフ，式を使ってことばで説明する）

❺　商品A，商品Bがともに，前ページの表の値段から3万円引きで買える場合，Ⓠについての答えは変わってくるでしょうか。

▶解答　3万円引きで買うとすると，商品Aの値段は90000円，商品Bの値段は120000円だから，x年後の総費用y円は，

商品A…$y=14000x+90000$　　$\cdots\cdots(\text{i})$

商品B…$y=9000x+120000$　　$\cdots\cdots(\text{ii})$

商品Aと商品Bの式を連立方程式として解くと，（ i ）を（ ii ）に代入して，

$$14000x+90000=9000x+120000$$

$$5000x=30000$$

$$x=6$$

したがって，6年後に総費用は同じになるから，Ⓠについての答えは**変わらない。**

3章の問題

1　右の表は，ある1次関数の対応するx，yの値
　の関係を表したものです。この関数について，
　yをxの式で表しなさい。

x	$\cdots$	-2	-1	0	1	2	$\cdots$
y	$\cdots$	11	8	5	2	-1	$\cdots$

考え方　表から$y=ax+b$のaとbの値を読みとる。

▶解答　求める式を$y=ax+b$とすると，
　　　　表から，変化の割合が-3だから　$a=-3$
　　　　$x=0$のとき$y=5$だから　$b=5$

答　$y=-3x+5$

2　次の㋐〜㋔の式で表される1次関数の中から，下の(1)〜(4)にあてはまるものをすべて
　選びなさい。

　㋐　$y=3x+2$　　　　　　㋑　$y=-3x+2$　　　　　　㋒　$y=3x-2$

　㋓　$y=\dfrac{1}{2}x-2$　　　　㋔　$y=-\dfrac{1}{2}x+2$

　(1)　xの値が2増加すると，yの値が1増加するもの
　(2)　グラフがy軸上の同じ点を通るものの組
　(3)　グラフが右下がりの直線になるもの
　(4)　グラフが平行であるものの組

考え方　(1)　変化の割合は傾きと等しいから，傾き$\dfrac{1}{2}$の1次関数となる。
　　　　(2)　y軸上の切片が同じものとなる。
　　　　(3)　グラフが右下がりということは，xが増加するにつれてyが減少するから，傾き
　　　　　　が負となる。
　　　　(4)　グラフが平行であるとき，その1次関数の傾きは等しい。

▶解答　(1)　㋓　　　　(2)　㋐と㋑と㋔，㋒と㋓　　　(3)　㋑，㋔　　　(4)　㋐と㋒

3　次の条件を満たす直線の式を求め，そのグラフ
　を右の図にかきなさい。
　(1)　傾きが3で，切片が-4の直線
　(2)　点$(2, 1)$を通り，傾きが-2の直線
　(3)　2点$(0, -2)$，$(-3, 3)$を通る直線
　(4)　2点$(-3, 4)$，$(6, 4)$を通る直線

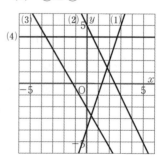

考え方　直線の式$y=ax+b$のa，bを求める。

▶解答　(1)　傾きと切片から，$a=3$，$b=-4$

答　$y=3x-4$

　　　　(2)　傾きが-2だから，$y=-2x+b$に$x=2$，$y=1$を代入すると
　　　　　　　$1=-2\times2+b$
　　　　　　　$b=5$

答　$y=-2x+5$

(3) 変化の割合＝$\dfrac{-2-3}{0-(-3)}=-\dfrac{5}{3}$ 　したがって　$a=-\dfrac{5}{3}$

　　　y 軸上の点$(0,\ -2)$を通るから$b=-2$ 　　　　　　　答　$y=-\dfrac{5}{3}x-2$

(4) 2点とも y 座標が4なので，x 軸と平行な直線である。　　　　答　$y=4$

---

4 和也さんは，身のまわりの1次関数として，次のことがらを例にあげました。□にあてはまる数をかき入れなさい。

▶解答

> 1枚 **5** gの封筒に1枚 **3** gの便せんをx枚入れたときの
> 封筒の重さをygとすると，yはxの1次関数であり，
> その式は$y=3x+5$である。

とりくんでみよう

1 右の図の長方形で，点Pが A を出発して，秒速2cm
で，この長方形の辺上をB，C，Dの順にDまで動きます。
点PがAを出発してからx秒後の△APDの面積を$y\,\mathrm{cm}^2$
として，次の問いに答えなさい。

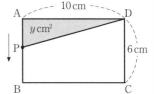

(1) 点Pが AB 上，BC 上，CD 上にある各場合に分けて，
yをxの式で表しなさい。また，それぞれの式について，xの変域を表しなさい。

(2) 点Pが A から D まで動くときのxとyの関係を，グラフに表しなさい。

考え方　x秒後のAからPまでの長さは$2x\,\mathrm{cm}$，PからDまでの長さは$(22-2x)\,\mathrm{cm}$である。

▶解答 (1) ・点PがAB上にあるとき，AP=$2x$ なので，

　　　$y=\dfrac{1}{2}\times 2x\times 10=10x$

　　　また，点Pが点Bに達するのは，$6\div 2=3$（秒後）

　　・点PがBC上にあるとき，点Pから辺ADにおろした垂線の長さは6cmだから

　　　$y=\dfrac{1}{2}\times 10\times 6=30$

　　　また，点Pが点Cに達するのは，$16\div 2=8$（秒後）

　　・点PがCD上にあるとき，PD=$22-2x$だから

　　　$y=\dfrac{1}{2}\times(22-2x)\times 10=110-10x$

　　　また，点Pが点Dに達するのは　$22\div 2=11$（秒後）

　　　　　答　AB上　$y=10x\,(0\leqq x\leqq 3)$　　　BC上　$y=30\,(3\leqq x\leqq 8)$

　　　　　　　CD上　$y=-10x+110\,(8\leqq x\leqq 11)$

(2)
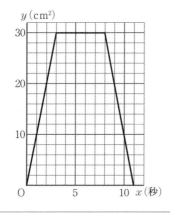

---

②　あるばねに，x g のおもりをつるしたときのばね全体
　　の長さを y cm として，x と y の関係を調べたところ，
　　次の表のようになりました。

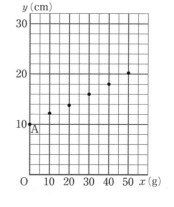

x	0	10	20	30	40	50
y	10.0	12.1	13.8	16.0	18.0	20.2

また，この表の x と y の対応する点をグラフ用紙に
とると，右の図のようになりました。

次の問いに答えなさい。

(1)　右の図で，点 A の y 座標は 10 です。この値は，
　　ばねについて，どのような数量を表していますか。

(2)　上の表や右の図から，$0 \leqq x \leqq 50$ では，y は x の 1 次関数とみなすことができます。
　　その理由を説明しなさい。

▶解答　(1)　**おもりをつるしていないときのばね全体の長さ**

　　　　(2)　（例）　**グラフの点がほぼ一直線上に並んでいることから，y は x の 1 次関数とみ
　　　　　　　　　　なすことができる。**など。

❯ 次の章を学ぶ前に

1　右の図は，直線ADを対称の軸とする線対称な図形です。

この図について，次の問いに答えましょう。

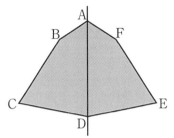

(1)　頂点Bに対応する頂点はどれですか。

(2)　辺BCに対応する辺はどれですか。

(3)　∠BCDに対応する角はどれですか。

(4)　次の□にあてはまる角をかき入れましょう。

$$\angle CDA = \frac{1}{2}\angle\boxed{}$$

(5)　直線ADからの距離が，頂点Cと等しい頂点はどれですか。

考え方　対称の軸で図形を折ったとき，重なる点や辺，角が対応する点や辺，角となる。

また，線対称な図形の対応する点を結ぶ線分は，対称の軸によって2等分される。

▶解答　(1)　**頂点F**　　(2)　**辺FE**　　(3)　**∠FED**　　(4)　**CDE**　　(5)　**頂点E**

2　次のことがらを表すように，□にあてはまる記号をかき入れましょう。

(1)　2直線 ℓ，m は平行である。

$\ell\ \boxed{}\ m$

(2)　直線 n は線分ABの垂直二等分線で，

その交点がMである。

$n\ \boxed{}\ AB$

$AM\ \boxed{}\ BM$

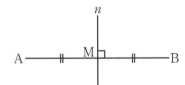

▶解答　(1)　∥

　　　　(2)　（上から）　⊥，　＝

図形の性質と合同

この章について

この単元では，角や平行線についての基本的知識について学習します。また，数学的な論証を行うため（いわゆる証明問題）の基本的手法を学びます。そのために，多角形の角や三角形の合同条件などを学習します。次章にも関連する重要な部分ですから，きちんと理解しておきましょう。

1 節　角と平行線

1　直線と角

基本事項ノート

→**対頂角**

2直線が交わってできる4つの角のうち，∠aと∠c，∠bと∠dのように，向かい合った2つの角を対頂角という。対頂角は等しい。

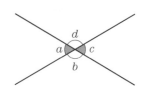

→**同位角と錯角**

右の図で，∠aと∠e，∠bと∠f，∠cと∠g，∠dと∠hのような位置にある2つの角を同位角という。
また，∠aと∠g，∠dと∠fのような位置にある2つの角を錯角という。

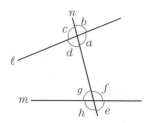

問1　右の図で，3本の直線が1点で交わっているとき，∠a，∠b，∠cの大きさを求めなさい。

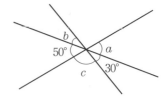

考え方　直線が交わるとき，対頂角は等しい。

▶**解答**　∠a＝**50°**，∠b＝**30°**，∠c＝180°−(50°＋30°)＝**100°**

問2　右の図で，次の角を答えなさい。
　(1)　∠aの錯角　　　　　(2)　∠bの同位角
　(3)　∠dの同位角　　　　(4)　∠hの錯角

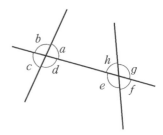

▶**解答**　(1)　∠**e**　　　　　　(2)　∠**h**
　　　　　(3)　∠**f**　　　　　　(4)　∠**d**

問3 **問2**の図で，∠a＝80°，∠e＝110°のとき，残りの角の大きさを求めなさい。

考え方 対頂角は等しいことを利用する。

▶解答 ∠b＝180°−∠a＝180°−80°＝**100°**

∠c＝∠a＝**80°**

∠d＝∠b＝**100°**

∠f＝180°−∠e＝180°−110°＝**70°**

∠g＝∠e＝**110°**

∠h＝∠f＝**70°**

問4 右の図には，∠aの同位角と錯角がそれぞれ2つずつあります。
同位角には○印，錯角には×印をかき入れなさい。

考え方 右上の図のように，4つの直線をそれぞれ

k，ℓ，m，nとすると，

直線ℓと，直線m，nから，

∠aの同位角は∠b，錯角は∠cになる。

また，直線nと，直線k，ℓから，

∠aの同位角は∠d，錯角は∠eになる。

答

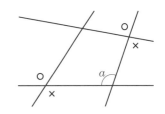

▶解答 右の図

2 平行線の性質

基本事項ノート

→平行線の性質

2つの直線に1つの直線が交わるとき，次のことが成り立つ。

1 2つの直線が平行なとき，
同位角は等しい。

2 2つの直線が平行なとき，
錯角は等しい。

 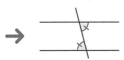

Q ノートの罫線（けいせん）と交わるように直線をひいたとき，
罫線とひいた直線との間にできる角の大きさについて，
どんなことがいえますか。

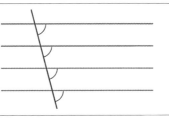

▶解答 **4つの角の大きさはすべて等しいといえる。**

問1　右の図（図は解答欄）で，$\ell /\!/ m$ のとき，大きさが40°である角すべてに印をつけなさい。
このことから，平行線の錯角について，どんなことがいえるか予想しましょう。

▶解答　右の図
（予想）　**平行線の錯角は等しいことがいえる。**

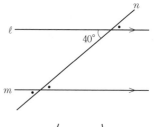

問2　右の図で，$\ell /\!/ m$ のとき，$\angle x$，$\angle y$ の大きさを求めなさい。

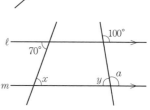

▶解答　平行線の錯角，同位角は等しいので，$\angle x = \mathbf{70°}$
$\angle a = 100°$，$\angle y + \angle a = 180°$ だから，$\angle y = \mathbf{80°}$

問3　右のような図で，$\ell /\!/ m$ のとき，$\angle a$ と $\angle b$ の間に成り立つ性質について，次の(1)〜(3)の順に調べなさい。
(1)　$\angle a = 110°$ のとき，$\angle b$ は何度ですか。
(2)　$\angle a$ と $\angle b$ の間に成り立つ性質を予想しなさい。
(3)　(2)で予想した性質がいつも成り立つ理由を説明しなさい。

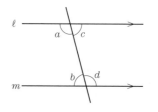

▶解答　(1)　平行線の錯角は等しいので，
　　　　　　$\angle b = \angle c = 180° - \angle a = 180° - 110° = \mathbf{70°}$
　　　(2)　$\angle a = 110°$，(1)より，$\angle b = 70°$ だから，
　　　　　　$\angle a$ と $\angle b$ の和は180°であると予想される。
　　　(3)　**平行線の錯角は等しいから，$\angle b = \angle c$　……①**
　　　　　　また，$\angle a + \angle c = 180°$　…②
　　　　　　①，②より，$\angle a + \angle b = 180°$

補充問題19　次の(1)〜(3)の図で，$\angle x$ の大きさを求めなさい。（教科書P.218）

(1)　$\ell /\!/ m$　　　　　　(2)　$\ell /\!/ m$　　　　　　(3)　$\ell /\!/ m$

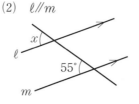

考え方　平行線の同位角，錯角は等しいことを利用する。

▶解答　(1)　平行線の錯角は等しいので，$\angle x = \mathbf{75°}$
　　　(2)　平行線の同位角は等しいので，$\angle x = \mathbf{55°}$
　　　(3)　平行線の同位角は等しいので，$\angle x = 180° - 110° = \mathbf{70°}$

3 平行線になる条件

基本事項ノート

→ 平行線になる条件

2つの直線に1つの直線が交わるとき，次のことが成り立つ。

① 同位角が等しいとき，
2つの直線は平行である。

② 錯角が等しいとき，
2つの直線は平行である。

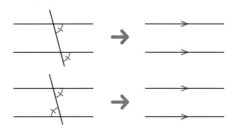

Q 1組の三角定規を右の写真のように使って，平行な直線をひきましょう。

考え方 教科書P.104の写真のように，一方は固定し，片方をずらして平行線をひく。

▶解答 省略

問1 右の図で，$\angle a \sim \angle f$ の大きさを求めなさい。
このことから，錯角が等しい2直線 ℓ，m について，
どんなことがいえるか予想しましょう。

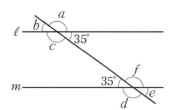

考え方 対頂角は等しいことを利用する。

▶解答 $\angle a = 180° - 35° = \textbf{145°}$

$\angle b = \textbf{35°}$

$\angle c = \angle a = \textbf{145°}$

$\angle d = 180° - 35° = \textbf{145°}$

$\angle e = \textbf{35°}$

$\angle f = \angle d = \textbf{145°}$

錯角が等しい2直線 ℓ，m は平行であると予想される。

問2 右の図で，$\ell /\!/ m$ のとき，次の問いに，それぞれ理由を
つけて答えなさい。
(1) $\angle x$ は何度ですか。
(2) m と n は平行といえますか。
(3) ℓ と n は平行といえますか。

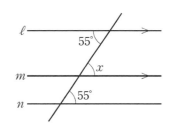

▶解答 (1) $\boldsymbol{\angle x = 55°}$　　（理由）**$\ell /\!/ m$ で，平行線の錯角は等しいから。**

(2) **いえる。**　　（理由）**同位角が55°で等しいから。**

(3) **いえる。**　　（理由）**錯角が55°で等しいから。**

| 問3 | 右の図で，平行である直線の組をすべて見つけ，記号//を使って表しなさい。 |

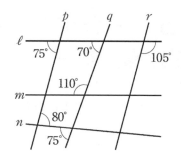

考え方	同位角，または錯角が等しい2直線を見つけだす。
解答	直線ℓとmで，錯角が70°で等しいから，ℓ//m
	直線pとrで，同位角が75°で等しいから，p//r

答　**ℓ//m，p//r**

4 三角形の角

→ **内角と外角**

　△ABCで，3つの角∠A，∠B，∠Cを内角という。

　また，1つの辺とそのとなりの辺の延長がつくる角を外角という。

→ **三角形の内角と外角**

　① 三角形の内角の和は180°である。

　② 三角形の外角は，それととなり合わない2つの内角の和に等しい。

→ **直角, 鋭角, 鈍角**

　直角……90°の大きさの角
　鋭角……0°より大きく，90°より小さい角
　鈍角……90°より大きく，180°より小さい角

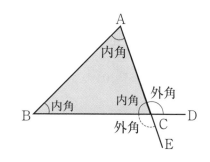

→ **内角の大きさによる三角形の3つの種類**

　鋭角三角形……3つの内角がすべて鋭角である三角形

　直角三角形……1つの内角が直角である三角形

　鈍角三角形……1つの内角が鈍角である三角形

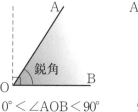 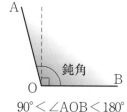

$0° < ∠AOB < 90°$　　　$90° < ∠AOB < 180°$

| Q | 右の図は，合同な三角形をしきつめたものです。∠a，∠b，∠cと等しい角に，同じ記号をつけましょう。 |

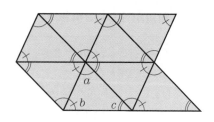

| 解答 | 右の図 |

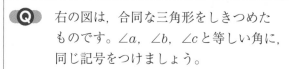

| 問1 | 右の図のように，△ABCの辺BCの延長をCDとします。また，頂点Cを通って辺BAに平行な直線CEをひきます。この図を使って，三角形の内角の和が180°であることを説明しなさい。 |

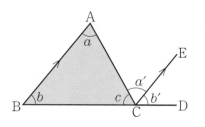

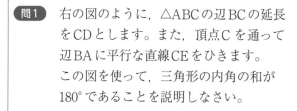

▶解答　平行線の　錯角　は等しいから　∠a＝∠**a′**
　　　　平行線の 同位角 は等しいから　∠b＝∠**b′**
　　　　したがって
　　　　　∠a＋∠b＋∠c＝∠ **a′** ＋∠ **b′** ＋∠c
　　　　　　　　　　　＝180°

問2　次の図で，∠xの大きさを求めなさい。
(1) 　　　(2) 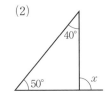　　　(3)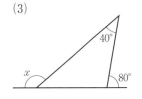

考え方　三角形の内角の和は180°である。三角形の外角は，それととなり合わない2つの内角の
　　　　和に等しいことを利用する。

▶解答　(1)　三角形の内角の和は180°だから ∠x＋70°＋50°＝180° したがって，∠x＝**60°**
　　　　(2)　外角∠xは，となり合わない2つの内角（40°と50°）の和に等しいので
　　　　　　∠x＝40°＋50°＝**90°**
　　　　(3)　80°の角ととなり合う角は180°−80°＝100°で，外角∠xは，となり合わない2つの
　　　　　　内角（40°と100°）の和に等しいので　∠x＝40°＋100°＝**140°**

補充問題20　次の(1)〜(3)の図で，∠xの大きさを求めなさい。（教科書P.218）
(1)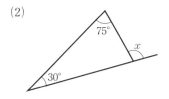
(2)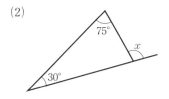
(3)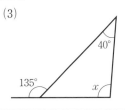

▶解答　(1)　∠x＝180°−（45°＋60°）＝**75°**　　　(2)　∠x＝75°＋30°＝**105°**
　　　　(3)　∠x＋40°＝135°　∠x＝135°−40°＝**95°**

問3　**問2**の三角形はそれぞれ，上の3種類のうち，どの三角形ですか。

▶解答　(1)　∠x＝60°だから，3つの内角がすべて鋭角の三角形になるので，**鋭角三角形**である。
　　　　(2)　∠xのとなり合う角が90°となり，1つの内角が直角の三角形だから，**直角三角形**
　　　　　　である。
　　　　(3)　80°の角ととなり合う角が100°となるので鈍角である。1つの内角が鈍角の三角形
　　　　　　になるので，**鈍角三角形**である。

問4　次の図で，ℓ//mのとき，∠xの大きさを求めなさい。

(1)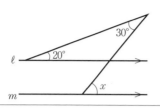　　　　(2)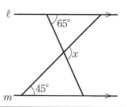

考え方　平行線の同位角，錯角は等しいことを利用する。

▶解答　(1)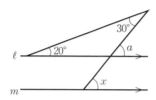　　　　(2)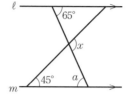

上の図で，
$\angle a = 20° + 30° = 50°$
平行線の同位角は等しいので，
$\angle x = \angle a = \mathbf{50°}$

上の図で，
平行線の錯角は等しいので，
$\angle a = 65°$
∠xは下の三角形の外角なので
$\angle x = \angle a + 45° = 65° + 45° = \mathbf{110°}$

問5　右のような図形(図は解答欄)の性質について，次の(1)，(2)の順に調べなさい。

(1)　右の図で，∠x，∠yの大きさを求めなさい。

(2)　右のような図で，∠a，∠b，∠c，∠dの大きさについて，いつも成り立つ性質を予想し，それが正しいことを説明しなさい。

▶解答　(1)　∠xは上の三角形の外角なので

$\angle x = 20° + 35° = \mathbf{55°}$

∠xは下の三角形の外角なので

$\angle x = \angle y + 25° = 55°$

$\angle y = 55° - 25° = \mathbf{30°}$

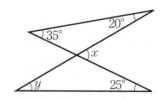

(2)　(予想)　**∠a + ∠b = ∠c + ∠d**

(説明)　**三角形の外角は，それととなり合わない2つの内角の和に等しいから**

$\angle a + \angle b = \angle BED$

$\angle c + \angle d = \angle BED$

したがって　∠a + ∠b = ∠c + ∠d

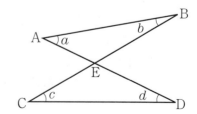

> **やってみよう**
> **1** 　右の図(図は解答欄)は，△ABCの頂点Aを通って辺BCに平行な直線ℓをひい
> たものです。この図を使って，三角形の内角の和が180°であることを説明しま
> しょう。
> **2** 　次の(1)，(2)の図(図は解答欄)に直線をひいて，∠xの大きさを求めましょう。

▶解答　**1** 　**平行線の錯角は等しいので　∠b＝∠d，∠c＝∠e**
また，∠d，∠a，∠eは直線ℓ上にあるので
∠a＋∠d＋∠e＝180°
したがって
∠a＋∠b＋∠c＝∠a＋∠d＋∠e＝180°
よって，三角形の内角の和は180°になる。

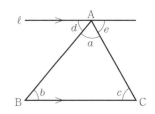

2 　(1)　$\ell/\!/m$

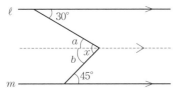

図のようにℓ，mに平行な直線をひき，
∠a，∠bをとると，
∠a＝30°(錯角)，∠b＝45°(錯角)
∠x＝∠a＋∠b＝30°＋45°＝**75°**

(2)

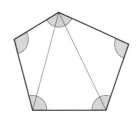

図のように直線をひき，∠aをとると
∠a＝25°＋55°＝80°(外角)
∠x＝60°＋∠a(外角)　だから
∠x＝60°＋80°＝**140°**

5　多角形の内角の和

> **基本事項ノート**

➡多角形の内角の和
　n角形の内角の和は$180° \times (n-2)$である。

例〉九角形の内角の和は　$180° \times (9-2)＝180° \times 7＝1260°$

> **Q 1** 　n角形の内角の和を求めましょう。
> 　陸さんは，まず，四角形の内角の和について
> 考えてみることにしました。
> 　陸さんと同じ方法で，五角形の内角の和を求めましょう。
> また，その求め方を図と式で表しましょう。

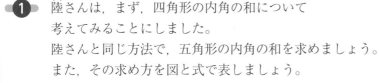

▶解答　(例)　**五角形は，2本の対角線で3つの三角形に分けることができる。**
　　　　三角形の内角の和は180°だから
　　　　　　$180° \times 3 = 540°$
　　　　五角形の内角の和は540°である。

(1)　陸さんと同じ方法で，六角形，七角形を1つの頂点から出る対角線でいくつかの
　　　三角形に分け，内角の和を求めましょう。また，その考え方がわかるように，図
　　　と式で表しましょう。

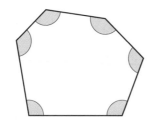 

(2)　次の表を使って，これまでに調べたことを整理してみましょう。

	三角形	四角形	五角形	六角形	七角形	…	n角形
頂点の数	3					…	
三角形の数	1					…	
内角の和を求める式	$180° × 1$					…	

▶解答　(1)　六角形

　　　（例）　**六角形は，3本の対角線で4つの三角形に**
　　　　　　分けることができます。
　　　　　　三角形の内角の和は180°だから180° × 4 = 720°
　　　　　　六角形の内角の和は720°です。

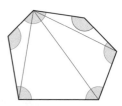

　　　七角形

　　　（例）　**七角形は，4本の対角線で5つの三角形に**
　　　　　　分けることができます。
　　　　　　三角形の内角の和は180°だから180° × 5 = 900°
　　　　　　七角形の内角の和は900°です。

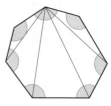

(2)

	三角形	四角形	五角形	六角形	七角形	…	n角形
頂点の数	3	**4**	**5**	**6**	**7**	…	**n**
三角形の数	1	**2**	**3**	**4**	**5**	…	**$n-2$**
内角の和を求める式	$180° × 1$	**$180° × 2$**	**$180° × 3$**	**$180° × 4$**	**$180° × 5$**	…	**$180° × (n-2)$**

　上の表からきまりを見つけて，気づいたことを話し合いましょう。また，話し合った
　　　ことをもとに，n角形の内角の和を求めましょう。

▶解答　きまりについて

（例）・**分けられる三角形の数は，頂点の数より2少ない。**

・**頂点の数が1増えると，分けられる三角形の数も1増える。**

・**内角の和は，頂点の数が1増えると180°ずつ増える。**

n角形の内角の和は，**$180° × (n - 2)$** の式で求められる。

④ n角形の内角の和を求めるときに，
どの **大切** な見方・考え方 が役に立ちましたか。

▶解答　（例）・**いくつかの場合から予想する。**（具体的な数で考える。）

・**知っていることを使えるようにする。**

（三角形の内角の和を使えるように補助線をひく。）

・**広げて考える。**（すべての多角形について表す。）

問1　多角形について，次の問いに答えなさい。

(1)　十角形の内角の和を求めなさい。

(2)　内角の和が1800°である多角形は何角形ですか。

▶解答　(1)　$180° × (n-2)$に
$n=10$を代入すると
$180° × (10-2) = 1440°$
答　**1440°**

(2)　求める多角形をn角形とすると
$180° × (n-2) = 1800°$
$n-2 = 10$
$n = 12$　　　答　**十二角形**

補充問題21　多角形の内角に関する次の問いに答えなさい。（教科書P.218）

(1)　七角形の内角の和を求めなさい。

(2)　内角の和が1260°である多角形は何角形ですか。

考え方　n角形の内角の和は$180° × (n-2)$である。

▶解答　(1)　$180° × (n-2)$に$n=7$を代入すると，
$180° × (7-2) = 900°$　　　　　　　　　　　答　**900°**

(2)　求める多角形をn角形とすると，
$180° × (n-2) = 1260°$
$n-2 = 7$
$n = 9$　　　　　　　　　　　　　　　　　答　**九角形**

❺ 真央さんと和也さんは，それぞれ陸さんとはちがう方法で n 角形の内角の和を求めました。次の図は，3人が考えた図です。

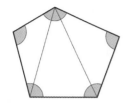
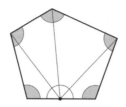
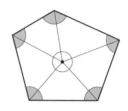

陸さん

真央さん

和也さん

(1) 真央さんと和也さんの考え方で n 角形の内角の和を表した式を，次の⑦〜⑰の中から1つずつ選びなさい。

⑦ $180°\times(n-2)$ 　　　　　⑦ $180°\times(n-1)$

⑦ $180°\times(n-1)-180°$ 　　⑦ $180°\times n-180°$

⑦ $180°\times(n-1)-360°$ 　　⑰ $180°\times n-360°$

(2) 3人の考え方に共通しているのは，どんなことですか。

▶解答 (1) 真央さんの考え方 …辺上の1点と各頂点を結び，4つの三角形をつくり，その内角の和から180°をひいて考えているので，⑦

和也さんの考え方 …多角形の中の1点と各頂点を結び，5つの三角形をつくり，その内角の和から360°をひいて考えているので，⑰

(2) **いくつかの三角形に分けて，三角形の内角の和が180°であることを利用している。**

など

6 多角形の外角の和

基本事項ノート

➔多角形の外角の和

多角形の外角の和は360°である。

Q 右の図の鉛筆が，五角形の辺に沿って進み，各頂点では外角の分だけ向きを変えて1周したとき，鉛筆は，合計で何度向きを変えたことになるでしょうか。
四角形や六角形でも調べてみましょう。
多角形の外角の和について，どんなことがいえそうですか。

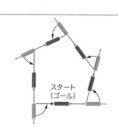

スタート
(ゴール)

▶解答　鉛筆は，五角形のすべての外角の分だけ向きを変えたことになる。

五角形の外角を平行移動して集めると，下の図のようになる。

したがって，鉛筆が向きを変え
たのは，合計で**360°**

四角形や六角形も同様にして，
360°

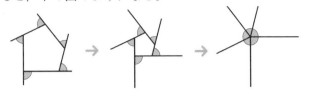

問1　n 角形の外角の和について，次の(1)〜(3)の順に調べなさい。
(1)　上（教科書P.110）と同じ方法で，四角形，六角形の外角の和をそれぞれ求めなさい。
(2)　n 角形の外角の和を予想しなさい。
(3)　(2)で予想したことがらがいつも成り立つ理由を，n を使って説明しなさい。

▶解答
(1)　四角形…1つの頂点で，内角と外角の和は180°
　　　　　　　したがって，四角形の4つの頂点の内角と外角の和をすべて合計すると
　　　　　　　　180°×4＝720°
　　　　　　　ところで，四角形の内角の和は　180°×(4−2)＝360°
　　　　　　　したがって，四角形の外角の和は　720°−360°＝**360°**
　　　六角形…1つの頂点で，内角と外角の和は180°
　　　　　　　したがって，六角形の6つの頂点の内角と外角の和をすべて合計すると
　　　　　　　　180°×6＝1080°
　　　　　　　ところで，六角形の内角の和は　180°×(6−2)＝720°
　　　　　　　したがって，六角形の外角の和は　1080°−720°＝**360°**
(2)　四角形，五角形，六角形の外角の和がすべて360°だったことから，
　　　n 角形の外角の和も**360°**であることが予想できる。
(3)　**n 角形において，1つの頂点で，内角と外角の和は180°**
　　　したがって，n 角形の n 個の頂点の内角と外角の和をすべて合計すると　180°×n
　　　ところで，n 角形の内角の和は　180°×(n−2)
　　　したがって，n 角形の外角の和は
　　　　180°×n−180°×(n−2)
　　＝180°×n−180°×n＋360°
　　＝360°

問2　次の図で，$\angle x$ の大きさを求めなさい。
(1)

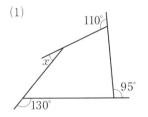

(2)

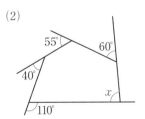

考え方　多角形の外角の和は360°であることを利用する。

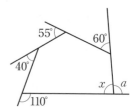

▶解答　(1)　$\angle x = 360° - (110° + 130° + 95°)$

$\qquad\qquad = \textbf{25}°$

(2)　右の図のように，$\angle x$ととなり合う角を$\angle a$とすると

$\qquad \angle a = 360° - (60° + 55° + 40° + 110°) = 95°$

$\qquad \angle x = 180° - 95° = \textbf{85}°$

問3　次の問いに答えなさい。

(1)　正五角形の1つの外角の大きさを求めなさい。

(2)　1つの外角が$20°$である正多角形は正何角形ですか。

考え方　多角形の外角の和は$360°$である。

▶解答　(1)　正五角形の外角の和は$360°$だから，$360° \div 5 = 72°$　　　　　　答　**72°**

(2)　求める多角形を正n角形とする。

$\qquad$ 正n角形の外角の和は$360°$だから　$20° \times n = 360°$

$\qquad$ これを解いて　$n = 18$　　　　　　　　　　　　　　答　**正十八角形**

問4　正十二角形の1つの内角の大きさを求めなさい。

考え方　正十二角形の外角の和は$360°$である。また，1つの内角と外角の和は$180°$である。

▶解答　正十二角形の1つの外角は　$360° \div 12 = 30°$

$\qquad$ したがって，1つの内角は　$180° - 30° = 150°$　　　　　　答　**150°**

▶別解　正十二角形の内角の和は　$180° \times (12 - 2) = 1800°$

$\qquad$ したがって，正十二角形の1つの内角は　$1800° \div 12 = 150°$　　　　答　**150°**

問5　1つの内角が$162°$である正多角形は正何角形ですか。

▶解答　1つの内角が$162°$だから，1つの外角は$180° - 162° = 18°$

$\qquad$ 求める多角形を正n角形とすると，正n角形の外角の和は$360°$だから

$\qquad\qquad 18° \times n = 360°$

$\qquad$ これを解いて　$n = 20$　　　　　　　　　　　　　答　**正二十角形**

▶別解　求める多角形を正n角形とすると，正n角形の内角の和は　$180° \times (n - 2)$

$\qquad$ また，1つの内角が$162°$であることから，

$\qquad\qquad 180° \times (n - 2) = 162° \times n$

$\qquad$ これを解いて　$n = 20$　　　　　　　　　　　　　答　**正二十角形**

補充問題22　次の(1), (2)の図で，$\angle x$の大きさを求めなさい。（教科書P.218）

(1)

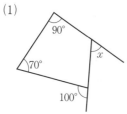

(2)

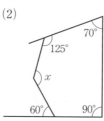

| 考え方 | n 角形の内角の和は $180° \times (n-2)$ である。 |

▶解答　(1)　四角形の内角の和は $180° \times (4-2) = 360°$

　　　　　$100°$ の角ととなり合う角は $80°$ だから，$\angle x$ ととなり合う角は

　　　　　$360° - (90° + 70° + 80°) = 120°$

　　　　　したがって，$\angle x = 180° - 120° = \textbf{60°}$

　　(2)　五角形の内角の和は $180° \times (5-2) = 540°$

　　　　　$60°$ の角ととなり合う角は $120°$ だから，

　　　　　$\angle x = 540° - (70° + 125° + 120° + 90°) = \textbf{135°}$

補充問題23　多角形の外角に関する次の問いに答えなさい。(教科書P.218)

　　(1)　正十角形の1つの外角の大きさを求めなさい。

　　(2)　1つの外角が $60°$ である正多角形は正何角形ですか。

　　(3)　正二十四角形の1つの内角の大きさを求めなさい。

　　(4)　1つの内角が $168°$ である正多角形は正何角形ですか。

| 考え方 | 多角形の外角の和は $360°$ である。また，1つの内角と外角の和は $180°$ である。 |

▶解答　(1)　$360° \div 10 = 36°$　　　　　　　　　　　　　　　　　　　答　**36°**

　　(2)　求める多角形を正 n 角形とする。

　　　　　正 n 角形の外角の和は $360°$ だから　$60° \times n = 360°$

　　　　　これを解いて　$n = 6$　　　　　　　　　　　　　　　　答　**正六角形**

　　(3)　正二十四角形の1つの外角は　$360° \div 24 = 15°$

　　　　　したがって，1つの内角は　$180° - 15° = 165°$　　　　　　答　**165°**

　　(4)　1つの内角が $168°$ だから，1つの外角は $180° - 168° = 12°$

　　　　　求める多角形を正 n 角形とすると，正 n 角形の外角の和は $360°$ だから

　　　　　$12° \times n = 360°$

　　　　　これを解いて　$n = 30$　　　　　　　　　　　　　　　答　**正三十角形**

▶別解　(3)　正二十四角形の内角の和は　$180° \times (24-2) = 3960°$

　　　　　したがって，正二十四角形の1つの内角は

　　　　　$3960° \div 24 = 165°$　　　　　　　　　　　　　　　　　答　**165°**

　　(4)　求める多角形を正 n 角形とすると，正 n 角形の内角の和は　$180° \times (n-2)$

　　　　　また，1つの内角が $168°$ であることから，

　　　　　$180° \times (n-2) = 168° \times n$

　　　　　これを解いて　$n = 30$　　　　　　　　　　　　　　　答　**正三十角形**

基本の問題

---

1 次の図で，∠a，∠b，∠cの大きさを求めなさい。
　　ただし，(2)の図の3直線ℓ，m，nはすべて平行とします。

(1)   (2)

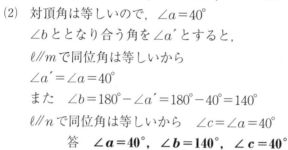
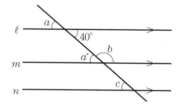

考え方　対頂角は等しい。また，平行線の同位角，錯角は等しい。

▶解答　(1)　対頂角は等しいので，∠a＝45°，∠c＝80°

　　　　　　　∠b＝180°−(45°＋80°)

　　　　　　　　＝55°

　　　　　　　　　答　**∠a＝45°，∠b＝55°，∠c＝80°**

　　　　(2)　対頂角は等しいので，∠a＝40°

　　　　　　　∠bととなり合う角を∠a′とすると，

　　　　　　　ℓ//mで同位角は等しいから

　　　　　　　∠a′＝∠a＝40°

　　　　　　　また　∠b＝180°−∠a′＝180°−40°＝140°

　　　　　　　ℓ//nで同位角は等しいから　∠c＝∠a＝40°

　　　　　　　　　答　**∠a＝40°，∠b＝140°，∠c＝40°**

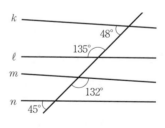

---

2 右の図で，平行である直線の組をすべて見つけ，
　　記号//を使って表しなさい。

考え方　同位角，錯角が等しい2直線を見つけだす。

▶解答　直線ℓとnで，同位角が45°で等しいから，ℓ//n

　　　　直線kとmで，同位角が48°で等しいから，k//m

　　　　　　　　　　　答　**ℓ//n，k//m**

---

3 次の図で，∠xの大きさを求めなさい。

(1)   (2)

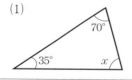
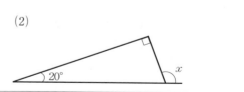

考え方　三角形の内角の和は180°である。また，三角形の外角は，それととなり合わない2つ
　　　　の内角の和に等しい。

▶解答　(1)　∠x＝180°−(70°＋35°)　　　　　　(2)　∠x＝90°＋20°

　　　　　　　＝**75°**　　　　　　　　　　　　　　　　　　＝**110°**

4 右の図の三角形は，鋭角_{えいかく}三角形，直角三角形，
鈍角_{どんかく}三角形のうち，どの三角形ですか。

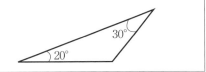

▶解答　残りの内角は　$180°-(20°+30°)=130°$

1つの内角が鈍角であるから，**鈍角三角形**である。

5 九角形の内角の和を求めなさい。

考え方　n角形の内角の和は$180°×(n-2)$である。

▶解答　$180°×(9-2)=$**1260°**

6 右の図で，$∠x$の大きさを求めなさい。

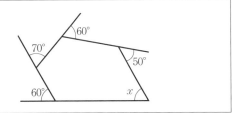

考え方　多角形の外角の和は360°であることを利用する。

▶解答　図のように$∠x$ととなり合う角を$∠a$とすると，

外角の和は360°なので

$∠a=360°-(60°+70°+60°+50°)=120°$

$∠x+∠a=180°$なので

$∠x+120°=180°$　これを解いて　$∠x=$**60°**

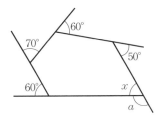

2 節　三角形の合同と証明

1　合同な図形

基本事項ノート

→合同な図形の対応する頂点，対応する辺，対応する角

2つの図形が合同であるとき，重なり合う頂点，辺，角をそれぞれ合同な図形の対応する頂点，
対応する辺，対応する角という。

→合同の記号≡

△ABCと△DEFが合同であることを，△ABC≡△DEFとかく。

このとき対応する頂点は同じ順にかく。

→合同な図形の性質

　① 合同な図形では，対応する線分の長さは等しい。

　② 合同な図形では，対応する角の大きさは等しい。

例 右の2つの三角形が合同のとき，対応する頂点の順に
△ABC≡△DEF とかき，
△ABC≡△EDF や △BCA≡△FDE など
とかいてはいけない。

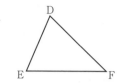

Q 次の図（図は解答欄）の㋐〜㋔のうち，△ABCと合同な三角形をすべて選びましょう。
また，合同な三角形をぴったり重ね合わせたとき，頂点A，B，Cと重なり合う頂点を，
それぞれ答えましょう。

▶解答 ㋐，㋑，㋔
㋐ 頂点A→**頂点D**
　　頂点B→**頂点E**
　　頂点C→**頂点F**
㋑ 頂点A→**頂点G**
　　頂点B→**頂点I**
　　頂点C→**頂点H**
㋔ 頂点A→**頂点N**
　　頂点B→**頂点O**
　　頂点C→**頂点M**

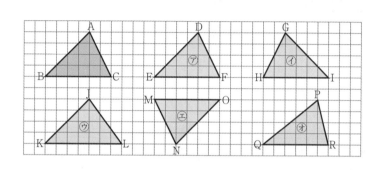

問1 **Q** の図で，△ABCと㋑の三角形，△ABCと㋔の三角形が合同であることを，それ
ぞれ記号≡を使って表しなさい。

考え方 記号≡を使うときは，対応する頂点の順にかく。

▶解答 ㋑ **△ABC≡△GIH** 　　㋔ **△ABC≡△NOM**

問2 **例1**の図で，次の辺や角に対応する辺や角を答えなさい。
(1) 辺AD 　　(2) ∠BAD 　　(3) ∠ABD

▶解答 (1) **辺CD** 　　(2) **∠BCD** 　　(3) **∠CBD**

問3 右の図で，
四角形ABCD≡四角形EFGH です。
この図で，長さが等しい線分の組や
大きさが等しい角の組を，いろいろ
見つけましょう。

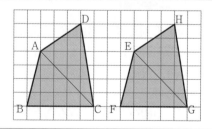

▶解答 （例） 長さが等しい線分
　　　　辺ADと辺EH，辺BCと辺FG など
　　　大きさが等しい角
　　　　∠Bと∠F，∠Dと∠H など

問4 右の図で，四角形ABCD≡四角形EFGHです。
次の問いに答えなさい。

(1) 辺AD，FGの長さを，それぞれ答えなさい。

(2) ∠E，∠Gの大きさを，それぞれ答えなさい。

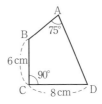
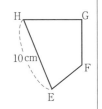

考え方 合同な図形では，対応する線分の長さや角の大きさは等しい。

▶解答 (1) 辺ADに対応するのは辺EHだから，辺AD＝**10cm**

辺FGに対応するのは辺BCだから，辺FG＝**6cm**

(2) ∠Eに対応するのは∠Aだから，∠E＝**75°**

∠Gに対応するのは∠Cだから，∠G＝**90°**

2 三角形の合同条件

基本事項ノート

→三角形の合同条件

2つの三角形は，次のおのおのの場合に，合同である。

① 3組の辺がそれぞれ等しい。

② 2組の辺とその間の角がそれぞれ等しい。

③ 1組の辺とその両端（りょうたん）の角がそれぞれ等しい。

Q 次の条件を満たす△ABCを，それぞれかきましょう。(1)〜(4)のうち，△ABCが1通り
に決まるのはどれでしょうか。

(1) AB＝6cm，BC＝5cm，CA＝4cm

(2) AB＝6cm，BC＝5cm，∠B＝45°

(3) BC＝5cm，∠B＝45°，∠C＝60°

(4) BC＝5cm，CA＝4cm，∠B＝45°

▶解答 (1)

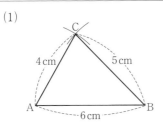

(2)

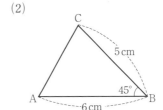

(3)

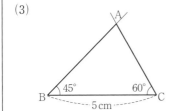

(4)

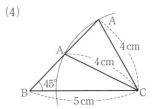

△ABCが1通りに決まるものは，(1)，(2)，(3)である。　　　　　答　**(1)，(2)，(3)**

問1　**Q**　の(2)と(4)の条件の似ているところやちがうところはどこですか。

▶解答　似ているところ　…**辺の長さが2つわかっていること。**

　　　　　　　　　　　　角の大きさが1つわかっていること。

　　　　ちがうところ　　…**(2)のわかっている角は2辺の間の角だが，**

　　　　　　　　　　　　(4)のわかっている角は2辺の間の角ではないこと。

問2　次の2つの三角形は合同であるといえますか。

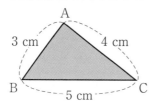
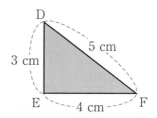

▶解答　3辺の長さを決めると三角形は1通りに決まるので合同であると**いえる。**

問3　次の図で，合同な三角形の組をすべて選び，記号≡を使って表しなさい。また，その合同条件を答えなさい。

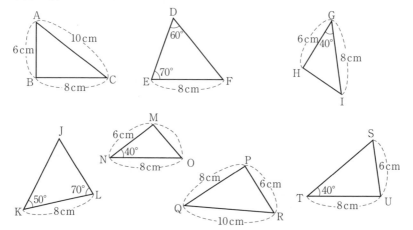

▶解答　合同な三角形の組　　　　　　合同条件

　　　△ABC≡△RPQ　　　　　**3組の辺がそれぞれ等しい。**

　　　△DEF≡△JLK　　　　　**1組の辺とその両端の角がそれぞれ等しい。**

　　　△GHI≡△NMO　　　　　**2組の辺とその間の角がそれぞれ等しい。**

問4 次の(1)～(4)のそれぞれの図で，合同な三角形を，記号≡を使って表しなさい。また，その合同条件を答えなさい。ただし，(1)と(2)で，点Oは線分AB，CDの交点です。

(1)　AO＝DO，CO＝BO

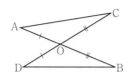

(2)　CO＝DO，∠C＝∠D

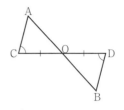

(3)　AB＝CB，AD＝CD

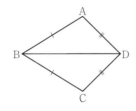

(4)　AB＝DC，∠ABC＝∠DCB

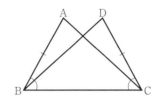

▶**解答**
(1)　△AOC≡△DOB　　**2組の辺とその間の角がそれぞれ等しい。**
(2)　△ACO≡△BDO　　**1組の辺とその両端の角がそれぞれ等しい。**
(3)　△ABD≡△CBD　　**3組の辺がそれぞれ等しい。**
(4)　△ABC≡△DCB　　**2組の辺とその間の角がそれぞれ等しい。**

3　仮定，結論と証明

基本事項ノート

→**仮定と結論**

「○○○ならば□□□である。」と表したとき，○○○の部分を仮定，□□□の部分を結論という。

例）「△ABC≡△DEFならば∠B＝∠Eである。」ということがらについて，
仮定は△ABC≡△DEF，結論は∠B＝∠E

→**証明**

仮定から出発し，すでに正しいと認められていることがらを根拠にして，筋道を立てて結論を導くことを証明という。

→**証明の根拠**

証明の根拠として，これまでに学んだ図形の基本性質がよく使われる。

例）対頂角の性質，平行線の性質，平行線になる条件，三角形の内角と外角の性質，多角形の内角の和・外角の和，合同な図形の性質，三角形の合同条件など。

Q 右の図のように，点Pで交わる線分ABとCDを

　　　AP＝DP，CP＝BP

となるようにかき，AとC，BとDをそれぞれ
線分で結ぶとき，線分ACとDBの長さについて，
いつも成り立つ性質を予想しましょう。

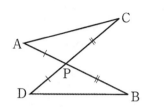

▶解答　右の図のように，それぞれAとC，
BとDを結ぶと，**線分ACとDBの長さ
は等しくなること（AC＝DB）が予想で
きる。**

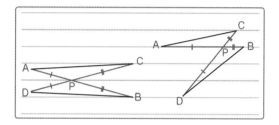

問1 次のことがらについて，仮定と結論をいいなさい。
　(1)　△ABC≡△DEFならばAC＝DFである。
　(2)　△ABCにおいて，∠A＋∠B＝90°ならば∠C＝90°である。
　(3)　x が10の倍数ならば，x は5の倍数である。

▶解答　(1)　仮定…△ABC≡△DEF　　　　結論…AC＝DF
　　　　(2)　仮定…∠A＋∠B＝90°　　　　結論…∠C＝90°
　　　　(3)　仮定…x が10の倍数　　　　結論…x は5の倍数

問2 右のような図で，線分ABとCDの交点を点Oとする
とき，AC＝BD，∠A＝∠Bならば△OAC≡△OBDと
なります。次の問いに答えなさい。
　(1)　仮定と結論を答えなさい。
　(2)　∠AOC＝∠BODがいえる根拠を示しなさい。
　(3)　∠C＝∠Dであることを説明しなさい。
　(4)　(1)の結論を証明するためには，三角形の合同条件の
　　　うち，どれを使えばよいですか。

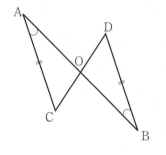

▶解答　(1)　仮定…AC＝BD，∠A＝∠B
　　　　　　結論…△OAC≡△OBD
　　　　(2)　**対頂角は等しい。**
　　　　(3)　**△OACと△OBDにおいて**
　　　　　　仮定から　　　　　　　∠A＝∠B
　　　　　　対頂角は等しいから　∠AOC＝∠BOD
　　　　　　三角形の内角の和は180°だから
　　　　　　　　　　　　∠C＝180°－（∠A＋∠AOC）
　　　　　　　　　　　　∠D＝180°－（∠B＋∠BOD）
　　　　　　したがって　　　　　　∠C＝∠D
　　　　(4)　**1組の辺とその両端の角がそれぞれ等しい。**

4　証明のしくみとかき方

基本事項ノート

→証明のしくみ

　仮定から出発し，図形の性質などを根拠として筋道を立てて，結論を導く。

Q　次の ▢ にあてはまることがらを予想しましょう。

▶解答　右の図のように，線分ABとCDの
交点をPとし，AとC，BとDを
それぞれ線分で結ぶとき，次のことが
いえる。

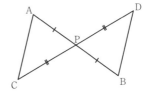

　　　AP＝BP，CP＝DP　ならば　（例）　**AC＝BD**

問1　**Q** のような図について，次のことがらを予想しました。
　　　AP＝BP，CP＝DPならばAC＝BD……⑦
このことがらの仮定と結論を答えなさい。

▶解答　仮定…**AP＝BP，CP＝DP**　　　結論…**AC＝BD**

問2　**問1**の⑦のことがらの証明で，△ACP≡△BDPを示すとき，上の図（教科書P.122）の①
〜③を使います。このときの三角形の合同条件を答えなさい。

考え方　図に等しい辺や角を表すとわかりやすい。

▶解答　①がAP＝BP，②がCP＝DP，③が∠APC＝∠BPD
だから，右の図の同じ印をつけた辺や角が等しいこと
がわかる。
したがって，合同条件は，
2組の辺とその間の角がそれぞれ等しい。

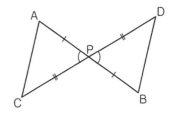

問3　次の証明は，**問1**の⑦のことがらが正しいことを，上の例（教科書P.123）にならってかい
たものです。この証明を完成しなさい。

▶解答　［証明］　△ACPと△BDPにおいて
　　　　　　　　仮定から　　　　　　　　　AP＝BP　　　　　……①

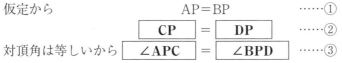

　　　　　　　　　　　　　　　CP　＝　**DP**　　　　　……②
　　　　　　　　対頂角は等しいから　**∠APC**　＝　**∠BPD**　　　　　……③
　　　　　　　　①，②，③より，2組の辺とその間の角がそれぞれ等しいから
　　　　　　　　　　　　　　　　△ACP≡△BDP
　　　　　　　　合同な図形の対応する辺の長さは等しいから
　　　　　　　　　　　　　　　　AC＝BD

問4　　**問3**の証明では，△ACP≡△BDPをもとにして，AC＝BDとなることを
示しています。△ACP≡△BDPをもとにすると，AC＝BDのほかにも，**Q**の□
にあてはまることがらで，正しいとわかることがあります。それは，どんなことですか。

考え方　合同な図形では，対応する線分の長さや角の大きさは等しい。

▶解答　∠A（∠PAC）＝∠B（∠PBD），∠C（∠ACP）＝∠D（∠BDP）
　　　　　錯角が等しいから　**AC∥BD**

5　証明の方針

基本事項ノート

→証明の方針

　証明をするとき，①～③を考えて，方針を立てる。

①　結論を示すためには何がわかればよいか。

②　仮定からいえることは何か。

③　①と②を結び付けるには，あと何がいえればよいか。

Q　右の図のように，線分ABとCDの交点を
Pとし，AとC，BとDをそれぞれ線分で
結ぶとき，AP＝BP，AC∥DBならば
CP＝DPとなります。
このことがらの仮定と結論を答えましょう。

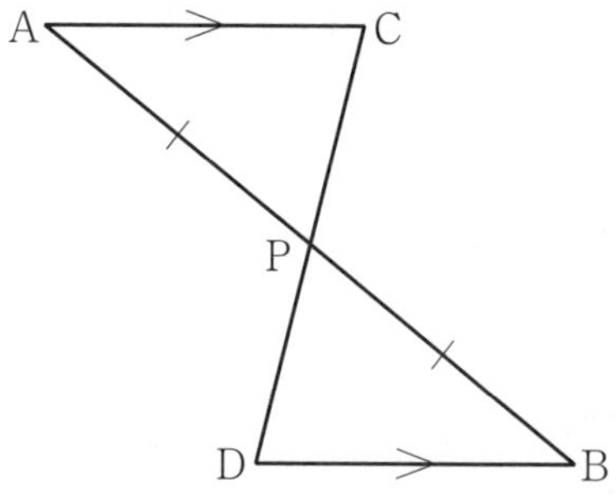

▶解答　仮定…**AP＝BP，AC∥DB**　　　結論…**CP＝DP**

問1　上に示した方針（教科書P.124）を参考にして，(1)，(2)の手順で，次のページの図を122
ページの図のように完成しなさい。

(1)　AC∥DBから等しいといえる角を2組見つけ，図の中の□にそれぞれかき入れる。

(2)　□△APC≡△BPD□の根拠となる等しい辺や角を3組選び，破線 ---- を実線 —— に
する。

▶解答

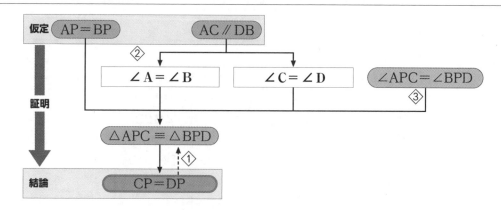

問2　次の証明は，　**Q**　のことがらが正しいことを，前ページの方針にもとづいてかいた
ものです。この証明を完成しなさい。

▶**解答**　［証明］　△APCと△BPDにおいて

　　　　　仮定から　　　　　　　　　　| AP | ＝ | BP | 　　……①

　　　　　平行線の　| 錯角 | は等しいから，AC//DBより

　　　　　　　　　　　　　　| ∠A | ＝ | ∠B | 　　……②

　　　　　| 対頂角 | は等しいから　| ∠APC | ＝ | ∠BPD | 　　……③

　　　　　①，②，③より，　| 1組の辺とその両端の角 | がそれぞれ等しいから

　　　　　　　　　　　　　　△APC≡△BPD

　　　　　合同な図形の対応する　| 辺の長さ | は等しいから

　　　　　　　　　　　　　　CP＝DP

問3　右の図のように，線分ABとCDの交点をPと
し，AとD，BとCをそれぞれ線分で結ぶとき，
　AP＝CP，∠PAD＝∠PCBならば
　AD＝CB
となります。次の問いに答えなさい。

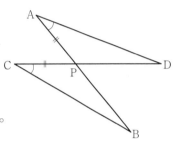

(1)　前ページを参考にして，証明の方針を立てなさい。

(2)　問題文のことがらが正しいことを証明しなさい。

▶**解答**　(1)　［証明の方針］

　　　　① **AD＝CBを証明するためには，△ADP≡△CBPを示せばよい。**

　　　　② **仮定から，AP＝CP，∠PAD＝∠PCBがいえる。**

　　　　③ **対頂角が等しいから，∠APD＝∠CPBもいえる。**

　　　　　これと②を使うと，△ADP≡△CBPが示せそうだ。

　　　(2)　［証明］　**△ADPと△CBPにおいて**

　　　　　　　　仮定から　　　　　　AP＝CP　　……①

　　　　　　　　　　　　　　∠PAD＝∠PCB　　……②

　　　　　　　　対頂角は等しいから　∠APD＝∠CPB　　……③

　　　　　　　　①，②，③より，1組の辺とその両端の角がそれぞれ等しいから

　　　　　　　　　　　　　　△ADP≡△CBP

　　　　　　　　合同な図形の対応する辺の長さは等しいから

　　　　　　　　　　　　　　AD＝CB

6 三角形の合同条件を使う証明

基本事項ノート

→三角形の合同条件を使う証明

作図の方法などが正しいことを示すために，2つの合同な三角形をみつけ，合同を示す。

> **Q** 次の㋐〜㋒の文と図は，∠AOBの二等分線を作図する手
> 順を説明したものです。この作図の方法が正しいことを
> 示すには，どうすればよいでしょうか。
> ㋐ OC＝ODとなる点C，Dを，∠AOBの辺OA，OB上
> に，それぞれとる。
> ㋑ 点Oのほかに，CP＝DPとなる点Pをとる。
> ㋒ 半直線OPをひく。

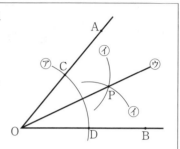

▶解答 **∠AOP＝∠BOPであることを証明すればよい。**

> **問1** 右のような図で，OC＝OD，CP＝DPならば
> ∠COP＝∠DOPであることの証明を完成しなさい。

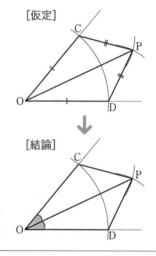

▶解答 ［証明］ △OCPと 　**△ODP**　 において

仮定から 　　　　OC＝ 　**OD**　 ……①

　　　　　　　　　CP＝ 　**DP**　 ……②

共通な辺だから　OP＝OP 　……③

①，②，③より，

　3組の辺がそれぞれ等しい　 から

　　　　　△OCP≡ 　**△ODP**

合同な図形の対応する角の大きさは

等しいから　　∠COP＝∠DOP

> **問2** 平行で長さが等しい線分AB，CDが右の図（図は解答欄）のような位置にあるとき，A
> とD，BとCを線分で結ぶと，その交点Oは線分ADの中点になります。
> 右の図に線分AD，BC，点Oをかき入れ，このことがらの証明を完成しなさい。

考え方 仮定はAB∥CD，AB＝DC，結論はOA＝ODとなる。

▶解答 ［証明］ △OABと 　**△ODC**　 において

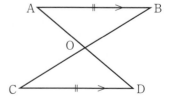

仮定から　AB＝ 　**DC**　 ……①

平行線の 　**錯角**　 は等しいから，AB∥CDより

∠OAB＝ 　**∠ODC**　 ……②

∠OBA＝ 　**∠OCD**　 ……③

①，②，③より， 　**1組の辺とその両端の角がそれぞれ等しい**　 から

△OAB≡ 　**△ODC**

合同な図形の対応する 　**辺の長さ**　 は等しいから　OA＝OD

したがって，点Oは線分ADの中点になる。

問3 右の図のように，線分ABと，その垂直二等分線ℓ
との交点をMとします。この直線ℓ上に点Pをとる
と，PA＝PBとなります。
次の問いに答えなさい。
(1) 仮定と結論を，記号で表しなさい。
(2) 問題文のことがらが正しいことを証明しなさい。

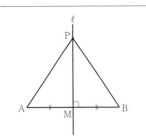

▶解答　(1) ［仮定］　AM＝ **BM** ，ℓ⊥ **AB**
　　　　　［結論］　PA＝ **PB**
　　　(2) ［証明］ △PAMと△PBMにおいて
　　　　　　　　　仮定から　　AM＝BM　　　　　……①
　　　　　　　　　ℓ⊥ABより　∠PMA＝∠PMB＝90°　……②
　　　　　　　　　共通な辺だから　PM＝PM　　　　……③
　　　　　　　　　①，②，③より，2組の辺とその間の角がそれぞれ等しいから
　　　　　　　　　　　　　　　△PAM≡△PBM
　　　　　　　　　合同な図形の対応する辺の長さは等しいから
　　　　　　　　　　　　　　　　PA＝PB

基本の問題

1 右の図において，
　　　AB＝DE，BC＝EF
のほかに条件を1つつけ加えると，
△ABC≡△DEFがいえます。
つけ加える条件としてあてはまるものをすべてあげ，
それぞれの場合について，その合同条件を答えなさい。

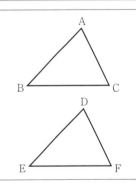

考え方　三角形の合同条件のいずれかに合うように，条件をつけ加える。
▶解答　つけ加える条件　　　　合同条件
　　　CA＝FD　　　　　　**3組の辺がそれぞれ等しい。**
　　　∠B＝∠E　　　　　　**2組の辺とその間の角がそれぞれ等しい。**

2 右のような図で，∠BAC＝∠DAC，
∠ACB＝∠ACDならばAB＝ADとなります。
このことがらの仮定と結論を答えなさい。

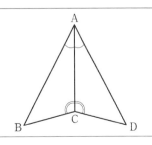

考え方　「○○○ならば□□□である。」の，○○○の部分が仮定，□□□の部分が結論である。

▶解答　仮定…∠BAC＝∠DAC，∠ACB＝∠ACD　　　結論…**AB＝AD**

---

③　**②**のことがらについて，次の問いに答えなさい。

(1)　**②**のことがらが正しいことは，次のような方針で証明することができます。
　　□にあてはまる三角形，角，辺，三角形の合同条件をかき入れなさい。

(2)　上の方針にもとづいて，**②**のことがらが正しいことを証明しなさい。

▶解答　(1)　［証明の方針］

　　① AB＝ADを証明するためには，△ABC≡ △ADC を示せばよい。

　　② 仮定から，∠BAC＝∠DAC， ∠ACB ＝ ∠ACD が

　　　いえる。また，①の2つの三角形で，共通な辺だからAC＝ AC

　　③ ②を使うと， **1組の辺とその両端の角がそれぞれ等しい**

　　　ことから△ABC≡ △ADC が示せそうだ。

(2)　［証明］　△ABCと△ADCにおいて，

　　　　仮定から　　　　　∠BAC＝∠DAC　……①

　　　　　　　　　　　　　∠ACB＝∠ACD　……②

　　　　共通な辺だから　　AC＝AC　……③

　　　　①，②，③より，1組の辺とその両端の角がそれぞれ等しいから

　　　　　　　　　　　　　△ABC≡△ADC

　　　　合同な図形の対応する辺の長さは等しいから

　　　　　　　　　　　　　AB＝AD

4章の問題

①　次の図で，∠x，∠yの大きさを求めなさい。ただし$\ell/\!/m$です。

(1)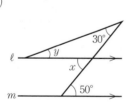

(2)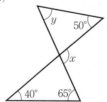

(3)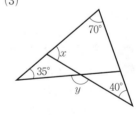

▶解答

(1)　平行線の錯角は等しいので，
　　∠x＝**50°**
　　∠xは上の三角形の外角なので
　　∠y＋30°＝50°
　　∠y＝**20°**

(2)　∠xは下の三角形の外角なので
　　∠x＝40°＋65°＝**105°**
　　∠xは上の三角形の外角なので
　　∠y＋50°＝105°
　　∠y＝**55°**

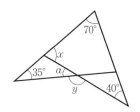

(3)　三角形の内角の和は180°なので
$\angle x = 180° - (70° + 40°) = \mathbf{70°}$
右の図のように∠aをとると
∠xは左の三角形の外角なので　∠$a + 35° = 70°$
∠$a = 35°$　したがって　∠$y = 180° - 35° = \mathbf{145°}$

---

(2)　右の図で，∠EADは四角形ABCDの頂点Aにおける外角です。この図について，次の問いに答えなさい。

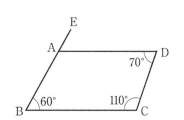

(1)　∠EADの大きさを求めなさい。

(2)　∠EADと∠ABCのような位置関係にある角を何といいますか。

(3)　∠EADと∠CDAのような位置関係にある角を何といいますか。

(4)　四角形ABCDの辺のうち，平行であるものの組を記号で表しなさい。

考え方　(4)　同位角，または錯角が等しい2直線を見つけだす。

▶解答　(1)　∠BAD $= 360° - (60° + 70° + 110°) = 120°$
∠EAD $= 180° - $∠BAD$ = 180° - 120° = \mathbf{60°}$

(2)　**同位角**

(3)　**錯角**

(4)　辺ADと辺BCで，同位角が60°で等しいから**AD∥BC**

---

(3)　1つの外角が24°である正多角形は，正何角形ですか。

▶解答　多角形の外角の和は360°である。
求める多角形を正n角形とする。
正n角形の外角の和は360°だから　$24° × n = 360°$
これを解いて　$n = 15$　　　　　　　　　　　　答　**正十五角形**

---

(4)　右のような図で，AB＝DC，AC＝DBならば
∠BAC＝∠CDBとなります。
このことがらについて，次の問いに答えなさい。

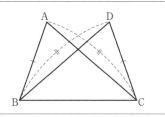

(1)　仮定と結論を答えなさい。

(2)　問題文のことがらが正しいことを証明しなさい。

▶解答　(1)　仮定…**AB＝DC，AC＝DB**　　結論…**∠BAC＝∠CDB**

(2)　［証明］　**△ABCと△DCBにおいて**
仮定から　　AB＝DC　……①　　AC＝DB　……②
共通な辺だから　BC＝CB　……③
①，②，③より，3組の辺がそれぞれ等しいから　△ABC≡△DCB
合同な図形の対応する角の大きさは等しいから　　∠BAC＝∠CDB

とりくんでみよう

1　次の図（図は解答欄）で，∠xの大きさを求めなさい。ただし，$\ell /\!/ m$で，同じ印をつけた角は，大きさが等しいことを表します。

▶解答

(1)　外角と内角の関係から　∠a＋20°＝80°
　　したがって　∠a＝60°
　　平行線の錯角は等しいので
　　∠x＝40°＋∠a＝40°＋60°＝100°
　　　　　　　　　　　　答　∠x＝**100°**

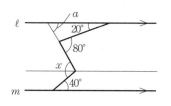

(2)　外角と内角の関係から　∠a＋80°＝30°＋90°
　　したがって　∠a＝40°
　　∠x＋∠a＋100°＝180° より
　　∠x＝40°
　　　　　　　　　　　　答　∠x＝**40°**

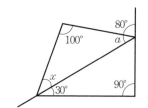

(3)　三角形の内角の和は180°だから，
　　∠a＋∠b＋130°＝180° より　∠a＋∠b＝50°
　　∠x＝180°－2(∠a＋∠b)
　　　　＝180°－2×50°
　　　　＝80°
　　　　　　　　　　　　答　∠x＝**80°**

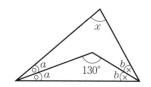

(4)　外角と内角の関係から，2∠b＝70°＋2∠a
　　したがって　∠b＝35°＋∠a
　　また，∠a＋∠x＝∠b より
　　∠a＋∠x＝35°＋∠a　これを解いて ∠x＝35°
　　　　　　　　　　　　答　∠x＝**35°**

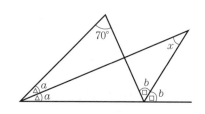

2　次の㋐～㋒の文と右の図は，直線ℓ上の点Pを
通る垂線を作図する方法を示したものです。
㋐　点Pを中心として，適当な半径の円をかき，
　　直線ℓとの交点をA，Bとする。
㋑　点A，Bを中心として，等しい半径の円を
　　交わるようにかき，その交点の1つをQと
　　する。
㋒　直線PQをひく。
この作図で，$\ell \perp$PQとなることを証明しなさい。

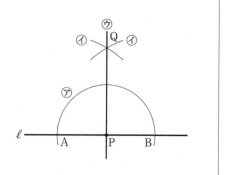

考え方　仮定はAP＝BP，QA＝QB，結論は$\ell \perp$PQとなる。
　　∠QPA＝90°であることがいえれば，結論を示すことができる。

▶解答　［証明］　QとA，QとBをそれぞれ結ぶ。

△APQと△BPQにおいて

仮定から　　　　　AP＝BP　　……①

　　　　　　　　　AQ＝BQ　　……②

共通な辺だから　　PQ＝PQ　　……③

①，②，③より，3組の辺がそれぞれ等しいから

　　　　　　　△APQ≡△BPQ

合同な図形の対応する角の大きさは等しいから

　　　　　　　∠APQ＝∠BPQ

また，∠APQ＋∠BPQ＝180°だから　　∠APQ＝∠BPQ＝90°

したがって　ℓ⊥PQ

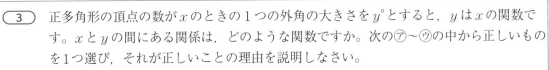

3　正多角形の頂点の数が x のときの1つの外角の大きさを $y°$ とすると，y は x の関数です。x と y の間にある関係は，どのような関数ですか。次の㋐〜㋒の中から正しいものを1つ選び，それが正しいことの理由を説明しなさい。

㋐　比例　　　　　　㋑　反比例　　　　　　㋒　比例ではない1次関数

▶解答　㋑

（理由）　多角形の外角の和は360°で，正多角形の1つの外角の大きさはすべて等しい。

　　　　よって，y を x の式で表すと，

$$y＝360÷x＝\frac{360}{x}$$

　　　　したがって，y は x に反比例するといえる。

⟩ 次の章を学ぶ前に

---

1 次の図の4つの三角形について，下の(1)～(3)にあてはまるものをすべて選び，記号△を使って表しましょう。

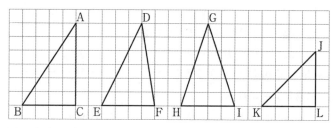

(1)　直角三角形

(2)　二等辺三角形

(3)　△ABCと面積が等しいもの

考え方 (3)　△ABCと底辺，高さが等しいものを選ぶ。

▶解答 (1)　**△ABC，△JKL**　　　(2)　**△GHI，△JKL**　　　(3)　**△DEF，△GHI**

---

2 次の図の平行四辺形ABCDを，点Oを中心として180°回転させます。このとき，もとの図形とそれを移動した図形の対応する点，対応する辺，対応する角について，次の問いに答えなさい。

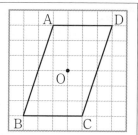

(1)　点Aに対応する点

(2)　辺ABに対応する辺

(3)　∠Bに対応する角

▶解答 (1)　**点C**　(2)　**辺CD**　(3)　**∠D**

---

3 次の△ABCと△DEFの辺や角について，(1)～(3)が成り立つとき，△ABC≡△DEFをいうには，三角形のどの合同条件が使えますか。

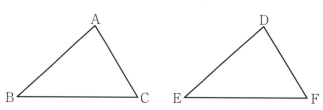

(1)　AB=DE，BC=EF，AC=DF

(2)　BC=EF，AC=DF，∠C=∠F

(3)　AB=DE，∠A=∠D，∠B=∠E

考え方 三角形の合同条件にあてはめてみる。

▶解答 (1)　**3組の辺がそれぞれ等しい。**

(2)　**2組の辺とその間の角がそれぞれ等しい。**

(3)　**1組の辺とその両端の角がそれぞれ等しい。**

三角形と四角形

この章について

4章で学習した図形の基本知識をもとに，二等辺三角形・直角三角形・正三角形・平行四辺形・長方形・ひし形・正方形などのいろいろな三角形や四角形のもつ性質を考えていきます。図形についてのさまざまな条件から，すじ道を立てて1つのことがらを導く"証明"のしかたについても学んでいきます。

1 節 | 三角形

1 二等辺三角形の性質①

➡**定義**

　用語や記号などの意味をはっきり述べたものを定義という。

例 　二等辺三角形の定義は，「2辺が等しい三角形」である。

➡**頂角・底辺・底角**

　二等辺三角形の等しい辺の間の角を頂角，頂角に対する辺を底辺，底辺の両端の角を底角という。

➡**定理**

　証明されたことがらのうち，よく使われるものを定理という。

➡**二等辺三角形の底角**

　二等辺三角形の2つの底角は等しい。

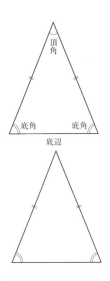

問1　「△ABCにおいて，AB＝AC ならば∠B＝∠Cである。」の仮定と結論を答えなさい。

▶**解答**　仮定…**AB＝AC**　　　結論…**∠B＝∠C**

問2　右の図の△ABCは，AB＝ACの二等辺三角形です。∠x，∠yの大きさを求めなさい。

▶**解答**　二等辺三角形の底角は等しいから，∠x＝50°

　　　　∠y＝180°－50°×2＝80°

　　　　　　　　　答　∠x＝**50°**，∠y＝**80°**

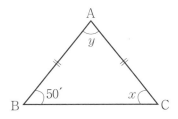

2 二等辺三角形の性質②

基本事項ノート

→二等辺三角形の頂角の二等分線(定理)

二等辺三角形の頂角の二等分線は，底辺を垂直に2等分する。

→正三角形の定義

正三角形の定義は，「3辺が等しい三角形」である。

問1 AB＝ACである△ABCにおいて，∠Aの二等分線と辺BCの交点をDとします。このとき，ADは辺BCを垂直に2等分することを，次のように証明(証明は解答欄)しました。この証明を完成しなさい。

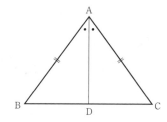

▶解答　[証明]　前ページの**例1**より

$$△ABD ≡ △ACD$$

合同な図形の対応する辺の長さや角の大きさは等しいから

$$BD = \boxed{CD} \quad \cdots\cdots①$$

$$∠ADB = ∠\boxed{ADC}$$

また，∠ADB＋∠ADC＝180°だから

$$2∠ADB = \boxed{180}°$$

したがって　　∠ADB ＝ $\boxed{90}$°

すなわち　　　AD ⊥ BC　　　……②

①，②より，ADは辺BCを垂直に2等分する。

問2 右の図で，AB＝AD，CB＝CD，ACとBDの交点をEとしたとき，次のことを証明しなさい。
(1) ACが∠BADの二等分線であること
(2) 点EがBDの中点であること

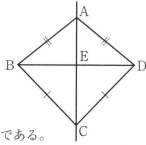

考え方　(1)　∠BAC＝∠DACを示せばよい。
(2)　二等辺三角形の頂角の二等分線は，底辺の垂直二等分線である。

▶解答　(1)　[証明]　**△ABCと△ADCにおいて**

仮定から　　　　　**AB ＝ AD**　　……①

CB ＝ CD　　……②

また，　　　　　　**ACは共通**　　……③

①，②，③より，3組の辺がそれぞれ等しいから

△ABC ≡ △ADC

合同な図形の対応する角の大きさは等しいから

∠BAC ＝ ∠DAC

したがって　ACは∠BADの二等分線である。

(2) ［証明］（1）より AC は二等辺三角形 ABD の頂角の二等分線だから，

$$BE = DE$$

したがって　点 E は BD の中点である。

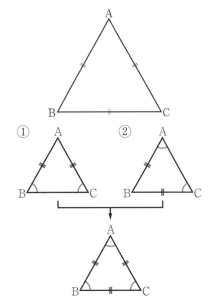

問3　「正三角形の 3 つの角は等しいこと」を，
「△ABC において，
AB＝BC＝CA ならば ∠A＝∠B＝∠C」
といいかえて，次のように証明（証明は解答欄）
しました。この証明を完成しなさい。

▶解答　［証明］　△ABC を AB＝AC である
二等辺三角形と考えると
　　　　∠B＝∠ C 　　……①
また，△ABC を BA＝BC である
二等辺三角形と考えると
　　　　∠A＝∠ C 　　……②
①，②より　　∠A＝∠B＝∠C

3　2つの角が等しい三角形

基本事項ノート

→2つの角が等しい三角形

　2つの角が等しい三角形は，二等辺三角形である。

問1　次の三角形は二等辺三角形であるかどうかを判断し，その判断が正しい理由を説明
しなさい。
(1)　∠A＝70°，∠B＝80°である △ABC
(2)　∠B＝55°，∠C＝70°である △ABC

▶解答　(1)　二等辺三角形ではない。
　　　（理由）　∠C＝180°−（70°＋80°）＝30°
　　　　　　　したがって，2つの角が等しくならないから，二等辺三角形ではない。
(2)　二等辺三角形である。
　　　（理由）　∠A＝180°−（55°＋70°）＝55°
　　　　　　　したがって　∠A＝∠B だから，二等辺三角形である。

問2　AB＝AC である △ABC において，2つの底角の
二等分線の交点を P とするとき，△PBC は二等
辺三角形であることを証明しなさい。

考え方　∠PBC＝∠PCB を示せばよい。

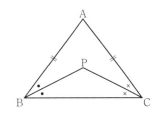

▶解答　［証明］　△PBCにおいて

仮定から　　　　$\angle PBC = \dfrac{1}{2}\angle ABC$　……①

　　　　　　　　$\angle PCB = \dfrac{1}{2}\angle ACB$　……②

また　　　　　　$\angle ABC = \angle ACB$　　　……③

①，②，③より　$\angle PBC = \angle PCB$

ゆえに，2つの角が等しいから，△PBCは二等辺三角形である。

問3　3つの角が等しい三角形は正三角形であることを証明しなさい。

考え方　2つの角が等しい三角形は二等辺三角形である性質を利用する。

▶解答　［証明］　右の図のように，△ABCにおいて

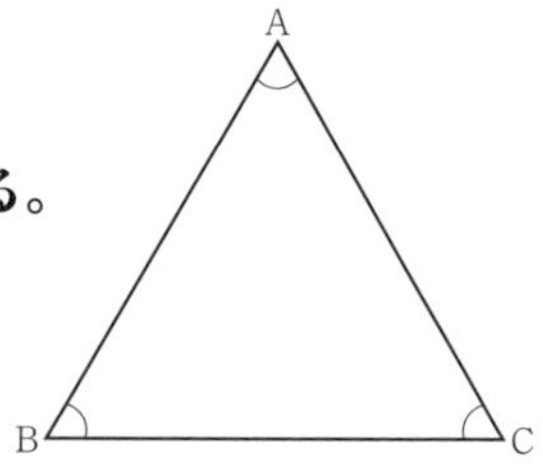

仮定から　　　　$\angle A = \angle B$

2つの角が等しいので，△ABCは二等辺三角形である。

　　　　　　　　$CA = CB$　……①

同様に　　　　　$\angle B = \angle C$

　　　　　　　　$AB = AC$　……②

①，②より　　　$AB = BC = CA$

したがって，3辺が等しい△ABCは正三角形である。

ゆえに，3つの角が等しい三角形は正三角形である。

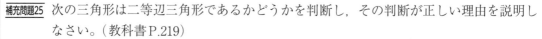

補充問題25　次の三角形は二等辺三角形であるかどうかを判断し，その判断が正しい理由を説明しなさい。（教科書P.219）

(1)　$\angle A = \angle B = 30°$ である△ABC

(2)　$\angle A = 100°$，$\angle C = 45°$ である△ABC

考え方　2つの角が等しい三角形は，二等辺三角形である。

▶解答　(1)　**二等辺三角形である。**

（理由）　$\angle A = \angle B = 30°$ で，2つの角が等しいから二等辺三角形である。

(2)　**二等辺三角形ではない。**

（理由）　$\angle B = 180° - (100° + 45°) = 35°$

したがって　2つの角が等しくないから，二等辺三角形ではない。

数学のたんけん──── **ユークリッドと幾何学**

1　ユークリッドの『原論』や古代ギリシャの数学について，本やインターネットなどで調べてみましょう。

▶解答　（例）　**ユークリッドの『原論』は，定義，公理，定理，証明が続く構成で，全体は13巻である。第1巻は定義，公理，公準で始まり，三角形の合同，定規とコンパスによる作図，平行線の性質，ピタゴラスの定理で終わり，中学で学ぶ内容が多い。証明を積み重ねていく「論証数学」は，古代ギリシャの発明である。など**

4　逆

基本事項ノート

→逆

　仮定と結論が入れかわっているとき，一方を他方の逆という。

例）「△ABCで，AB＝ACならば∠B＝∠Cである。」

　　　　　　　　↕逆

　　「△ABCで，∠B＝∠CならばAB＝ACである。」

注　あることがらが正しくても，その逆は正しいとは限らない。

→反例

　あることがらが成り立たない例のことを，反例という。

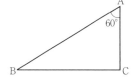

例）「△ABCで，正三角形ならば∠A＝60°である。」（正しい。）

　　　　　　　　↕逆

　　「△ABCで，∠A＝60°ならば正三角形である。」（正しくない。）

　　反例は，右の図のような場合。

Q　次の2つの定理で，それぞれ仮定と結論を答えましょう。

　(1)　二等辺三角形の2つの底角は等しい。

　(2)　2つの角が等しい三角形は，二等辺三角形である。

▶解答　(1)　仮定…二等辺三角形である。　　　　　結論…2つの底角は等しい。

　　　　(2)　仮定…2つの角が等しい三角形である。　結論…二等辺三角形である。

問1　次のことがらの逆を答えなさい。

　　「△ABCと△A′B′C′において，

　　　AB＝A′B′，BC＝B′C′，∠B＝∠B′ならば

　　　△ABC≡△A′B′C′である。」

▶解答　「△ABCと△A′B′C′において，

　　　　△ABC≡△A′B′C′ならば

　　　　AB＝A′B′，BC＝B′C′，∠B＝∠B′である。」

問2　次のことがらの逆を答えなさい。また，それが正しいかどうかを調べ，正しくない場合は，反例を1つ示しなさい。

　(1)　△ABCと△A′B′C′において，AB＝A′B′，BC＝B′C′，CA＝C′A′ならば，△ABC≡△A′B′C′である。

　(2)　2つの三角形が合同ならば，その2つの三角形の面積は等しい。

　(3)　$a＝5$，$b＝2$ならば，$a＋b＝7$である。

▶解答　(1)　逆…△ABCと△A′B′C′において，△ABC≡△A′B′C′ならば
　　　　　　　　AB＝A′B′，BC＝B′C′，CA＝C′A′である。
　　　　　　正しい。

(2)　逆…**2つの三角形の面積が等しければ，**
　　　　　　その2つの三角形は合同である。
　　　　　　正しくない。
　　　　　反例…**右のような図の場合**　など

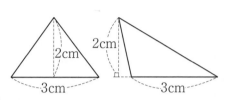

(3)　逆…**$a＋b＝7$ならば，$a＝5$，$b＝2$である。**
　　　　　　正しくない。
　　　　　反例…**$a＝3$，$b＝4$**　など

補充問題26　次のことがらの逆を答えなさい。また，それが正しいかどうかを答えなさい。
(1)　△ABCにおいて，∠A＝40°，∠B＝50°ならば，△ABCは直角三角形である。
(2)　2つの正方形の周りの長さが等しければ，その2つの正方形の面積は等しい。
(3)　$x＝13$，$y＝-1$ならば，$xy＝-13$である。

▶解答　(1)　逆…**△ABCにおいて，直角三角形ならば，∠A＝40°，∠B＝50°である。**
　　　　　　正しくない。（∠A＝90°の場合もあるから。）

(2)　逆…**2つの正方形の面積が等しければ，周りの長さが等しい。**
　　　　　　正しい。（面積が等しければ，1辺の長さも等しいから。）

(3)　逆…**$xy＝-13$ならば，$x＝13$，$y＝-1$である。**
　　　　　　正しくない。（$x＝-13$，$y＝1$の場合もあるから。）

5　直角三角形の合同

基本事項ノート

→斜辺
　直角三角形で，直角に対する辺を斜辺という。

→三角形の合同条件
　2つの直角三角形は，次のおのおのの場合に，合同である。

① 斜辺と1つの鋭角がそれぞれ等しい。　　　　② 斜辺と他の1辺がそれぞれ等しい。

Q　△ABCと△DEFにおいて
　∠C＝∠F＝90°，AB＝DEのほかに
　どんな条件が加わると，
　△ABC≡△DEFがいえますか。

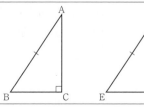

▶解答　（例）　∠A＝∠D

　　　　　（三角形の内角の和は180°だから，∠B＝∠Eとなり，1組の辺とその両端の角
　　　　　がそれぞれ等しい。）

　　　　　∠B＝∠E

　　　　　（三角形の内角の和は180°だから，∠A＝∠Dとなり，1組の辺とその両端の角が
　　　　　それぞれ等しい。）　　　　　　　　　　　　　　　　　　　　　　　　　　など

❗注　AC＝DFまたはBC＝EFのときも合同となるが，このことは教科書P.142〜143を学習
してからわかることなので解答例には入れていない。

問1　∠C＝∠F＝90°である△ABCと△DEFにおいて

　　　AB＝DE，∠B＝∠E
　　ならば
　　　△ABC≡△DEF
　であることを証明しなさい。

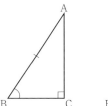
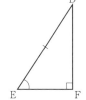

考え方　∠A＝∠Dを示せば，1組の辺とその両端の角がそれぞれ等しいという合同条件が使える。

▶解答　**△ABCと△DEFにおいて**

仮定から AB＝DE　　……①

　　　　　∠B＝∠E　　……②

　　　　　∠C＝∠F＝90°

また，三角形の内角の和は180°だから

　　　　　∠A＝180°−（90°＋∠B）

　　　　　∠D＝180°−（90°＋∠E）

②から　∠A＝∠D　　……③

①，②，③より，1組の辺とその両端の角がそれぞれ等しいから

　　　　　△ABC≡△DEF

問2　次の図で，合同な直角三角形の組をすべて選び，
記号≡を使って表しなさい。また，その合同条件を答えなさい。

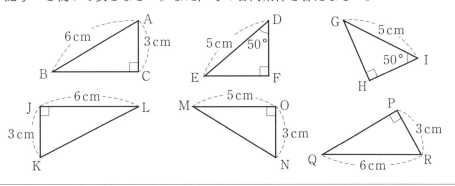

考え方　直角三角形の合同条件では，斜辺が等しいことが必要である。

▶解答　△ABC≡△RQP（斜辺と他の1辺がそれぞれ等しい。）

　　　　△DEF≡△IGH（斜辺と1つの鋭角がそれぞれ等しい。）

補充問題27　次の(1)，(2)のそれぞれの図で，合同な直角三角形を記号≡を使って表しなさい。また，その合同条件を答えなさい。（教科書P.219）

(1)　AB=CD

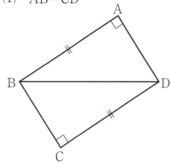

(2)　AO=CO

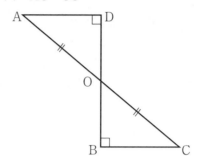

▶解答　(1)　△ABD≡△CDB

　　　　　合同条件　…斜辺と他の1辺がそれぞれ等しい。

　　　　(2)　△AOD≡△COB

　　　　　合同条件　…斜辺と1つの鋭角がそれぞれ等しい。

問3　∠XOYの二等分線上の点Pから2辺OX，OYに
垂線をひき，交点をそれぞれA，Bとすると
　　　　PA=PB
であることを証明しなさい。

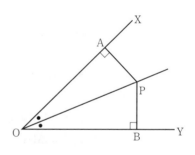

▶解答　△AOPと△BOPにおいて

仮定から　　∠PAO=∠PBO=90°　……①

　　　　　　∠POA=∠POB　　　……②

また　　　　POは共通　　　……③

①，②，③より，直角三角形の斜辺と1つの鋭角がそれぞれ等しいから

　　　　　△AOP≡△BOP

合同な図形の対応する辺の長さは等しいから

　　　　　PA=PB

問4　右の図のように，円Oの弦をPQとし，中心Oから
PQにひいた垂線をOHとします。
このとき，垂線OHは弦PQを2等分することを
証明しなさい。

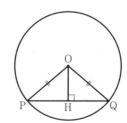

考え方　PH=QHであることを示す。

▶解答　　△OPHと△OQHにおいて

仮定から　　∠OHP＝∠OHQ＝90°　　……①

　　　　　　　　OP＝OQ　　　　　……②

また　　　　OHは共通　　　　　　……③

①，②，③より，直角三角形の斜辺と他の1辺がそれぞれ等しいから

　　　　　　△OPH≡△OQH

合同な図形の対応する辺の長さは等しいから

　　　　　　PH＝QH

したがって　垂線OHは弦PQを2等分する。

基本の問題

1　右の図の△ABCにおいて，点Dは辺BC上の点です。
AD＝BD＝CDで　∠ADB＝100°のとき，
∠x，∠yの大きさを求めなさい。

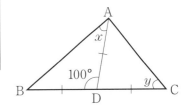

▶解答　　∠ADB＝100°より　∠x＝$(180°-100°)÷2$＝**40°**

∠ADC＝$180°-100°$＝80°

∠y＝$(180°-80°)÷2$＝**50°**

2　右の図のように，線分ACとDBの交点
をEとします。
このとき，AB＝DC，AC＝DBならば，
△EBCは二等辺三角形であることを証明
しなさい。

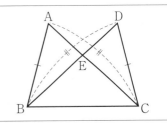

考え方　∠ECB＝∠EBCであることを示せばよい。

▶解答　　△ABCと△DCBにおいて

仮定から　　　　　AB＝DC　……①

　　　　　　　　　AC＝DB　……②

また　　　　　　　BCは共通　……③

①，②，③より，3組の辺がそれぞれ等しいから

　　　　　　△ABC≡△DCB

合同な図形の対応する角の大きさは等しいから

　　　　　　∠ACB＝∠DBC

したがって　∠ECB＝∠EBC

△EBCの2つの角が等しいから，△EBCは二等辺三角形である。

┌─ **3** ─ 次の問いに答えなさい。
│　　　(1)　右の図で，「ℓ∥mならば∠a＝∠b」の逆を答えなさい。
│　　　(2)　(1)で答えたことがらは正しいですか。
└─

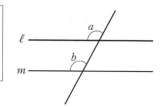

▶解答　(1)　**∠a＝∠bならばℓ∥m**
　　　　(2)　**正しい。**

┌─ **4** ─ △ABCの辺BCの中点Mから2辺AB，ACに垂線をひき，
│　　交点をそれぞれD，Eとします。
│　　このとき，MD＝MEならば，△ABCは二等辺三角形であ
│　　ることを証明しなさい。
└─

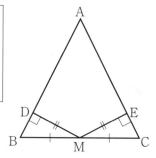

考え方　直角三角形の斜辺の他に何が等しいかを見る。

▶解答　**△MDBと△MECにおいて，**
仮定から，　　　　　　MB＝MC　　　　……①
**　　　　　　　　　　　MD＝ME　　　　……②**
**　　　　　　　　∠MDB＝∠MEC＝90°　……③**
①，②，③より，直角三角形の斜辺と他の1辺がそれぞれ等しいから
**　　　　　　　△MDB≡△MEC**
合同な図形の対応する角の大きさは等しいから
**　　　　　　　∠DBM＝∠ECM**
したがって　△ABC2つの角が等しいから，△ABCは二等辺三角形である。

---

② 節 │ 平行四辺形

1 │ 平行四辺形の性質

▶ 基本事項ノート

➔ 対辺, 対角
　四角形の向かい合う辺を対辺, 向かい合う角を対角という。

➔ 平行四辺形の定義
　平行四辺形の定義は，「2組の対辺が，それぞれ平行である四角形」である。

➔ 記号「▱」
　平行四辺形ABCDのことを，▱ABCDとかく。

➔ 平行四辺形の性質
　① 平行四辺形の2組の対辺は，それぞれ等しい。
　② 平行四辺形の2組の対角は，それぞれ等しい。
　③ 平行四辺形の対角線は，それぞれの中点で交わる。

Q 右の図のように幅が一定であるテープを重ねたとき，重なった部分はどんな図形になりますか。

▶解答　**平行四辺形，長方形，ひし形，正方形**のいずれか。

問1　□ABCDで，対角線の交点をOとするとき，対辺や対角，対角線には，それぞれどんな性質があるか予想しましょう。

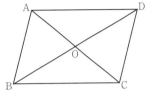

▶解答　AB＝CD，BC＝AD，
∠ABC＝∠CDA　（∠B＝∠D），∠DAB＝∠BCD　（∠A＝∠C）
AO＝CO，BO＝DO　　　　など

問2　例1で証明したことをもとに，□ABCDについて等しい辺の組と等しい角の組を答えなさい。また，そのようにいえる理由を説明しなさい。

考え方　合同な図形の対応する辺の長さや角の大きさは等しい。

▶解答　△ABC≡△CDAより
① **AB＝CD**（合同な図形の対応する辺の長さは等しい。）
② **BC＝DA**（合同な図形の対応する辺の長さは等しい。）
③ **∠ABC＝∠CDA　（∠B＝∠D）**（合同な図形の対応する角の大きさは等しい。）
④ **∠DAB＝∠BCD　（∠A＝∠C）**（合同な図形の対応する角の大きさは等しい。）
④は，∠BAC＝∠DCA，∠BCA＝∠DACから∠DAB＝∠BAC＋∠DAC＝∠DCA＋
∠BCA＝∠BCDを用いる。

問3　□ABCDの対角線の交点をOとするとき，AO＝CO，BO＝DOであることを証明しなさい。

考え方　**問2**の①AB＝CDを利用する。

▶解答　**△ABOと△CDOにおいて**

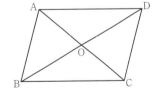

　　　　　　　　AB＝CD　　　……①
平行線の錯角は等しいから，AB∥DCより
　　　　　　∠BAO＝∠DCO　……②
　　　　　　∠ABO＝∠CDO　……③
①，②，③より，1組の辺とその両端の角がそれぞれ等しいから
　　　　　　　　△ABO≡△CDO
合同な図形の対応する辺の長さは等しいから
　　　　　　　　AO＝CO
　　　　　　　　BO＝DO

問4 次の図の□ABCDで，x，yの値（あたい）を求めなさい。

(1)   (2)

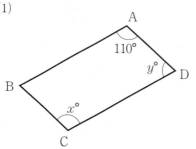
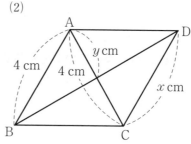

考え方 平行四辺形の性質を活用する。

▶**解答** (1) $\angle x = $ **110°**，$\angle y = 180° - 110° = $ **70°**

       (2) $x = $ **5cm**，$y = 4 \times 2 = $ **8cm**

補充問題28 次の図の□ABCDで，x，yの値を求めなさい。（教科書P.220）

(1)   (2)

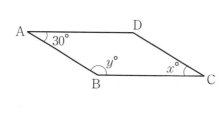
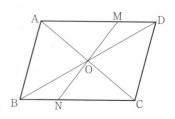

考え方 平行四辺形の性質を活用する。

▶**解答** (1) $x = $ **30**，$y = 180° - 30° = $ **150**

       (2) $x = $ **4**，$y = 4 \div 2 = $ **2**

問5 □ABCDの対角線の交点Oを通る直線が，辺AD，BCと交わる点を，それぞれM，Nとします。
このとき，MO＝NOであることを証明しなさい。

考え方 MO，NOを対応する辺とする2つの三角形の合同を示す。

▶**解答** **△AOMと△CONにおいて**
平行四辺形の対角線は，それぞれの中点で交わるから
      AO＝CO   ……①
平行線の錯角は等しいから，AD∥BCより
      ∠OAM＝∠OCN   ……②
対頂角は等しいから
      ∠AOM＝∠CON   ……③
①，②，③より，1組の辺とその両端の角がそれぞれ等しいから
      △AOM≡△CON
合同な図形の対応する辺の長さは等しいから　MO＝NO

2 平行四辺形になる条件

基本事項ノート

→平行四辺形になる条件

四角形は，次の条件のうちどれか1つが成り立てば，平行四辺形である。

① 2組の対辺がそれぞれ平行である。……定義

② 2組の対辺がそれぞれ等しい。

③ 2組の対角がそれぞれ等しい。

④ 対角線が，それぞれの中点で交わる。

⑤ 1組の対辺が平行で，その長さが等しい。

問1 四角形ABCDにおいて，AB＝CD，AD＝CBのとき，四角形ABCDは平行四辺形であることを，次のように証明しました。この証明を完成しなさい。

▶解答　［証明］　四角形ABCDの対角線ACをひく。

△ABCと△CDAにおいて

仮定から　　　　　AB＝CD　　……①

　　　　　　CB　＝　**AD**　　……②

また　　　　　　　ACは共通　　……③

①，②，③より，　**3組の辺**　がそれぞれ等しいから

　　　　　　　　△ABC≡△CDA

合同な図形の対応する角の大きさは等しいから

　　　　　　∠BAC＝∠**DCA**

錯角が等しい　から　　AB∥DC　……④

同じようにして　　　　　AD∥BC　……⑤

④，⑤より，2組の対辺がそれぞれ平行だから，四角形ABCDは平行四辺形である。

問2 四角形ABCDの対角線の交点をOとします。
AO＝CO，BO＝DOのとき，四角形ABCDは平行四辺形であることを，次の(1)〜(3)の順に証明しなさい。

(1) △ABO≡△CDO

(2) AB∥DC

(3) AD∥BC

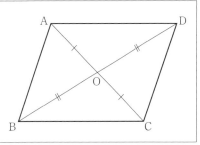

▶解答　(1) **△ABOと△CDOにおいて**

　　　仮定から　AO＝CO　……①，BO＝DO　……②

　　　対頂角は等しいから　　∠AOB＝∠COD　……③

　　　①，②，③より，2組の辺とその間の角がそれぞれ等しいから　△ABO≡△CDO

(2) **(1)より，合同な図形の対応する角の大きさは等しいから　∠ABO＝∠CDO**

　　　錯角が等しいから　AB∥DC　……④

(3) (1)と同じようにして　△AOD≡△COB

合同な図形の対応する角の大きさは等しいから　∠DAO＝∠BCO

錯角が等しいから　AD∥BC　……⑤

④，⑤より，2組の対辺がそれぞれ平行だから，四角形ABCDは平行四辺形である。

Q ノートの罫線を使って，次の① ～ ③の手順でか
いた四角形ABCDは，平行四辺形であることを
説明しましょう。

① 罫線を使って線分ADをひく。

② ①とは別の罫線に，ADと長さが等しい線分
　BCをひく。

③ AとB，CとDを結ぶ線分をそれぞれひく。

考え方 上の **Q** で，ノートの罫線は平行なので
AD∥BCがいえます。
右の図で，AD∥BC，AD＝BCならば四角形
ABCDは平行四辺形であることを証明します。

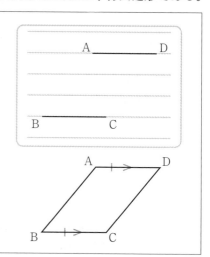

考え方 2組の対辺がそれぞれ平行な四角形は，平行四辺形である。（定義）

▶解答 **四角形ABCDの対角線ACをひく。**

△ABCと△CDAにおいて

仮定から，　　　　　　BC＝DA　……①

平行線の錯角は等しいから，AD∥BCより

**　　　　　∠ACB＝CAD　……②**

**　　　　　　ACは共通　　……③**

①，②，③より，2組の辺とその間の角がそれぞれ等しいから

**　　　　　△ABC≡△CDA**

合同な図形の対応する角の大きさは等しいから

**　　　　　∠BAC＝∠DCA**

錯角が等しいから　　AB∥DC

したがって　2組の対辺がそれぞれ平行だから，四角形ABCDは平行四辺形である。

問3 次の⑦～⑨の条件を満たす四角形ABCDで，いつも平行四辺形になるものをすべて
選びなさい。

⑦　AB＝5cm，BC＝2cm，CD＝5cm，DA＝2cm

④　∠A＝∠B＝60°，∠C＝∠D＝120°

⑨　AB∥DC，AB＝DC

考え方 平行四辺形になる条件にあてはまるかを考える。

▶解答 ⑦（2組の対辺がそれぞれ等しい。）

　　　⑨（1組の対辺が平行で，その長さが等しい。）

補充問題29 次の四角形ABCDで，いつも平行四辺形になるものをすべて選びなさい。（教科書
P.220）

　⑦　AB＝DC，AD∥BC
　④　∠A＝40°，∠B＝140°，∠C＝40°，∠D＝140°
　⑨　AB＝3cm，BC＝6cm，CD＝3cm，DA＝6cm

▶解答　④（2組の対角がそれぞれ等しい。）
　　　　⑨（2組の対辺がそれぞれ等しい。）

3　平行四辺形になる条件の活用

基本事項ノート

→平行四辺形になる条件の活用
　平行四辺形になる条件を利用して，四角形が平行四辺形であることを証明する。

Q　右の図は，上の箱を真横から見た状態を表したものです。
上の段と下の段をつないでいる棒をとめているネジの位置をA，B，C，Dとします。ADがいつもBCと平行になるには，AB，BC，CD，DAの長さがどのようになっていればよいですか。

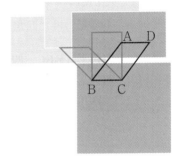

▶解答　**AB＝CD，BC＝DA** となっていればよい。
　　　　このとき，四角形ABCDは平行四辺形となるので，AD∥BCとなる。

問1　AD∥BC，AB＝DC が成り立つとき，四角形ABCDは必ず平行四辺形になるといってよいですか。次の図（図は解答欄）にかいて調べなさい。

▶解答　**点Cから，線分ABと長さの等しい点を平行線上にとると，右の図のように，D，D′の2つの点が得られる。このとき四角形ABCDは平行四辺形になるが，四角形ABCD′は平行四辺形にならない。したがって，必ず平行四角形になるとはいえない。**

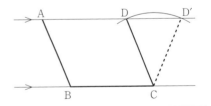

問2　右のような図（図は解答欄）で，四角形ABCD，BEFCがともに平行四辺形であるとき，四角形AEFDも平行四辺形であることを，次のように証明しました。
この証明を完成しなさい。

考え方　平行四辺形になる条件の⑤を利用して，平行四辺形であることを示せばよい。

▶解答　［証明］　四角形ABCDは平行四辺形だから

$$AD /\!/ \boxed{BC} \quad \cdots\cdots ①$$

$$AD = \boxed{BC} \quad \cdots\cdots ②$$

四角形BEFCは平行四辺形だから

$$BC /\!/ \boxed{EF} \quad \cdots\cdots ③$$

$$BC = \boxed{EF} \quad \cdots\cdots ④$$

①, ③より $\boxed{AD} /\!/ \boxed{EF} \quad \cdots\cdots ⑤$

②, ④より $\boxed{AD} = \boxed{EF} \quad \cdots\cdots ⑥$

⑤, ⑥より, $\boxed{\text{1組の対辺が平行で, その長さが等しい}}$

から, 四角形AEFDは平行四辺形である。

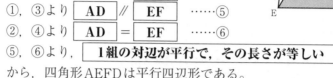

問3　▱ABCD の辺BC, DC の延長線上に, BC＝CE, DC＝CFとなる点E, Fを右の図（図は解答欄）のようにとります。▱ABCD の対角線の交点をGとするとき, 次の問いに答えなさい。

(1)　図の中で平行四辺形といえる四角形をすべて見つけなさい。

(2)　(1)で見つけた四角形について, 平行四辺形であることを証明しなさい。

▶解答　(1)　**四角形ABFC, 四角形ACED, 四角形BFED**

(2)　四角形ABFC

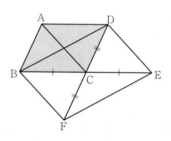

四角形ABCDは平行四辺形だから

$$AB = DC \quad \cdots\cdots ①$$

$$AB /\!/ DC \quad \cdots\cdots ②$$

仮定から　　　$DC = CF \quad \cdots\cdots ③$

①, ③より　　　$AB = CF \quad \cdots\cdots ④$

CFはDCの延長だから, ②より

$$AB /\!/ CF \quad \cdots\cdots ⑤$$

④, ⑤より, 1組の対辺が平行で, その長さが等しいから, 四角形ABFCは平行四辺形である。

四角形ACED

四角形ABCDは平行四辺形だから

$$AD = BC \quad \cdots\cdots ①$$

$$AD /\!/ BC \quad \cdots\cdots ②$$

仮定から　　　$BC = CE \quad \cdots\cdots ③$

①, ③より　　　$AD = CE \quad \cdots\cdots ④$

CEはBCの延長だから, ②より

$$AD /\!/ CE \quad \cdots\cdots ⑤$$

④, ⑤より, 1組の対辺が平行で, その長さが等しいから, 四角形ACEDは平行四辺形である。

四角形BFED

仮定から　　　BC＝CE ……①

　　　　　　　　DC＝CF ……②

①，②より，**対角線がそれぞれの中点で交わるから，四角形BFEDは平行四辺形である。**

問4　四角形ABCDにおいて，AB∥DC，∠A＝∠Cのとき，四角形ABCDは平行四辺形であることを証明しなさい。

考え方　平行四辺形になる条件の①を利用して，平行四辺形であることを示せばよい。

▶解答　**四角形ABCDの対角線BDをひく。**

平行線の錯角は等しいから，AB∥DCより

　　　　　　　　∠ABD＝∠CDB ……①

仮定から　　　∠A＝∠C　　 ……②

また　　　　　∠ADB＝180°－（∠A＋∠ABD）

　　　　　　　　∠CBD＝180°－（∠C＋∠CDB）

①，②より　　　∠ADB＝∠CBD

錯角が等しいから　AD∥BC

したがって　2組の対辺がそれぞれ平行だから，四角形ABCDは平行四辺形である。

4　特別な平行四辺形

基本事項ノート

→長方形の定義

　4つの角がすべて等しい四角形

→ひし形の定義

　4つの辺がすべて等しい四角形

→正方形の定義

　4つの角がすべて等しく，4つの辺がすべて等しい四角形

→平行四辺形と長方形, ひし形, 正方形の関係

　長方形，ひし形，正方形は平行四辺形といえる。

　また，正方形は長方形でもあり，ひし形でもあるといえる。

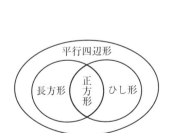

→長方形, ひし形, 正方形の対角線の性質

　① 長方形の対角線は，長さが等しい。

　② ひし形の対角線は，垂直に交わる。

　③ 正方形の対角線は，長さが等しく，垂直に交わる。

Q　平行四辺形，長方形，ひし形，正方形の辺や角について，それぞれの性質がいつも成り立つ場合は○，そうでない場合は×を，次の表にかき入れましょう。

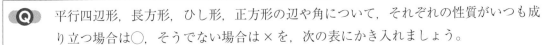

▶解答

	平行四辺形	長方形	ひし形	正方形
2組の対辺が それぞれ平行である	○	○	○	○
4つの角がすべて等しい	×	○	×	○
4つの辺がすべて等しい	×	×	○	○

問1 次のことがらを**例1**にならって説明しなさい。

(1) ひし形は平行四辺形である。　　　(2) 正方形は平行四辺形である。

(3) 正方形は長方形である。　　　　(4) 正方形はひし形である。

▶解答　(1)　ひし形の4つの辺はすべて等しいから，
　　　　　　「2組の対辺がそれぞれ等しい。」という条件を満たしている。
　　　　　　したがって　ひし形は平行四辺形である。

　　　　(2)　正方形の4つの辺はすべて等しいから，
　　　　　　「2組の対辺がそれぞれ等しい。」という条件を満たしている。
　　　　　　したがって　正方形は平行四辺形である。

　　　　(3)　正方形の4つの角はすべて等しいから，
　　　　　　長方形の定義を満たしている。
　　　　　　したがって　正方形は長方形である。

　　　　(4)　正方形の4つの辺はすべて等しいから，
　　　　　　ひし形の定義を満たしている。
　　　　　　したがって　正方形はひし形である。

問2 長方形の対角線は長さが等しいことを証明しなさい。

考え方　△ABC≡△DCBを示せば，AC＝DBがいえる。

▶解答　**長方形ABCDの対角線AC，DBをひく。**

△ABCと△DCBにおいて

仮定から　　∠ABC＝∠DCB＝90°　……①

長方形ABCDは平行四辺形で，対辺は等しいから

　　　　　　　AB＝DC　　　　……②

また　　　　　BCは共通　　　　……③

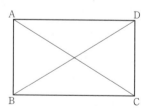

①，②，③より，2組の辺とその間の角がそれぞれ等しいから

　　　　　　△ABC≡△DCB

合同な図形の対応する辺の長さは等しいから

　　　　　　AC＝DB

したがって　長方形の対角線は長さが等しい。

問3 ひし形の対角線は垂直に交わることを証明しなさい。

▶解答　ひし形ABCDの対角線AC，BDをひく。

△ABCと△ADCにおいて

仮定から　　　　　　AB＝AD　……①

　　　　　　　　　　BC＝DC　……②

また　　　　　　　　ACは共通　……③

①，②，③より，3組の辺がそれぞれ等しいから

　　　　　　　　△ABC≡△ADC

ACは二等辺三角形ABDの頂角の二等分線となっているから，

底辺を垂直に2等分する。

したがって　AC⊥BDだから，ひし形の対角線は垂直に交わる。

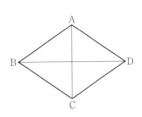

問4　問2と問3で証明したことがらから，正方形の対角線について，どんなことがいえますか。

考え方　正方形は，長方形，ひし形の特別な場合である。

▶解答　問2，問3より，正方形の対角線は，長さが等しく，垂直に交わる。

問5　次の⑦〜㋑の中から，右の図の□□にあてはまる条件を選びなさい。

⑦　となり合う辺が等しい。

㋑　1つの角が直角である。

㋒　対角線が等しい。

㋓　対角線が垂直に交わる。

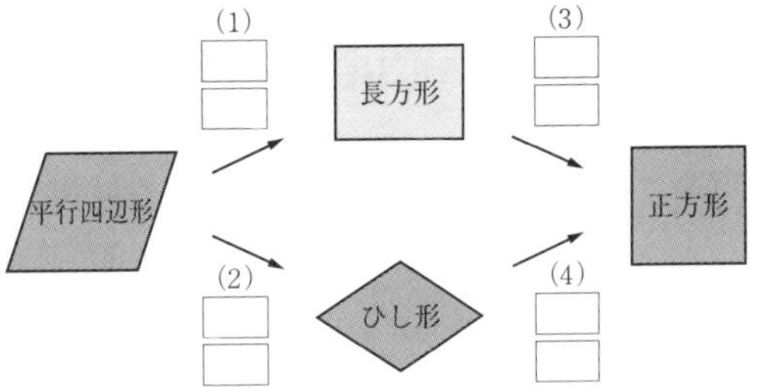

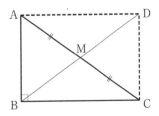

▶解答　(1)　㋑，㋒　　　　(2)　⑦，㋓　　　　(3)　⑦，㋓　　　　(4)　㋑，㋒

やってみよう

直角三角形ABCにおいて，斜辺ACの中点をMとすると，MA＝MB＝MCとなります。このことが正しい理由を，長方形の対角線の性質を使って説明しましょう。

▶解答　右の図のように，長方形ABCDとなる点Dをとる。

長方形ABCDは平行四辺形で，対角線が，それぞれの

中点で交わるから　　MA＝MC　……①

　　　　　　　　　　MB＝MD　……②

また，長方形の対角線は，長さが等しいから

　　　　　　　　　　AC＝DB　……③

①，②，③より，MA＝MB＝MCである。

5 平行線と面積

基本事項ノート

→面積が等しい三角形

右の図の△ABCと△A′BCにおいて，次のことが成り立つ。

　　AA′//BCならば△ABC＝△A′BC

!注　△ABCと△A′BCの面積が等しいことを，

　　　△ABC＝△A′BC

のように表す。

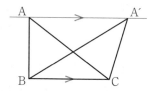

Q　右の図(図は解答欄)において，点Aを通る直線ℓは，辺BCに平行です。ℓ上に点A′をとって，△A′BCをいろいろかきましょう。このとき，△ABCと△A′BCの面積について，どんなことがいえますか。

考え方　平行な2直線の距離(きょり)は一定である。

▶解答　△ABCと△A′BCは，底辺BCが共通で，高さが等しい。よって，直線ℓ上のどこにA′をとっても，**△ABCと△A′BCの面積は等しくなる。**

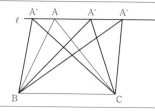

問1　AD//BCである台形ABCDの対角線の交点をOとします。このとき，△AOB＝△DOCであることを，次のように証明(証明は解答欄)しました。
この証明を完成しなさい。

▶解答　仮定から　　　AD//BC

底辺と高さがそれぞれ等しいから

　　　　　　△ABC＝△ **DBC** 　　　……①

また　　　　△AOB＝△ABC－△ **OBC** 　……②

　　　　　　△DOC＝△DBC－△ **OBC** 　……③

①，②，③より

　　　　　　△AOB＝△DOC

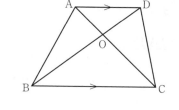

問2　△ABCにおいて，辺BCの中点をMとし，AM上に点Pをとります。このとき，面積が等しい三角形の組をすべて見つけなさい。

▶解答　**△ABMと△ACM**(BM＝CMで高さが等しい)

△PBMと△PCM(BM＝CMで高さが等しい)

△ABPと△ACP(△ABM－△PBM＝△ACM－△PCM より)

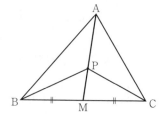

問3　**例1**の点Eのとり方が正しいことを，次の順に証明しなさい。

(1)　△DAC＝△EAC　　　　　(2)　四角形ABCD＝△ABE

▶解答　(1)　△DACと△EACにおいて，ACを底辺とみると，AC∥DEより底辺と高さが等しいことから

△DAC＝△EAC

(2)　(1)より，四角形ABCD＝△ABC＋△DAC＝△ABC＋△EAC＝△ABE

したがって　四角形ABCD＝△ABE

問4　右の図で，ℓは五角形ABCDEの対角線ACに平行で，頂点Bを通る直線です。次の順に，図をかきなさい。

(1)　直線ℓを使って，もとの五角形と面積が等しい四角形をかきなさい。

(2)　もとの五角形と面積が等しい三角形をかきなさい。

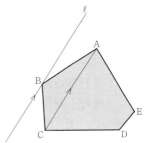

考え方　(1)　辺EAまたは辺DCの延長上に，頂点Bを平行移動すると，面積を変えずにもとの五角形を四角形に変形できる。

▶解答　(1)〔作図例〕

直線ℓと辺DC
の延長との交点
をB′とすると，
面積が等しい
四角形AB′DEが
かける。

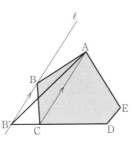

(2)〔作図例〕

(1)でかいた図にAD∥mとなる直線mをひき，
B′Dの延長との
交点をE′とすると，
面積が等しい
△AB′E′がかける。

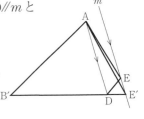

基本の問題

1　▱ABCDの対角線AC上にAE＝CFとなるように点E，Fをとります。
このとき，BE＝DFであることを証明しなさい。

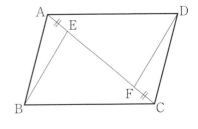

考え方　平行四辺形になる条件の⑤を利用して，平行四辺形であることを示せばよい。

▶解答　△ABEと△CDFにおいて

仮定より　　　　　　AE＝CF　　……①

　　　　　　　　　　AB＝CD　　……②

AB∥DCより，錯角は等しいから，

　　　　　　　∠BAE＝∠DCF　　……③

①，②，③より　2組の辺とその間の角がそれぞれ等しいから

　　　　　　　△ABE≡△CDF

合同な図形の対応する辺の長さは等しいから

　　　　　　　BE＝DF

2　四角形ABCDの対角線の交点をOとします。

このとき，AD∥BC，BO＝DOならば，四角形
ABCDは平行四辺形であることを証明しなさい。

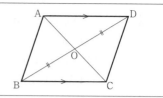

考え方　平行四辺形になる条件の④を利用して，平行四辺形であることを示せばよい。

▶解答　△AODと△COBにおいて

仮定から　　DO＝BO　……①

　　　　　　AD∥BC

平行線の錯角は等しいから　∠ADO＝∠CBO　……②

また，対頂角は等しいから　∠AOD＝∠COB　……③

①，②，③より，1組の辺とその両端の角がそれぞれ等しいから

　　　△AOD≡△COB

合同な図形の対応する辺の長さは等しいから　AO＝CO　……④

①，④より，対角線が，それぞれの中点で交わるから，四角形ABCDは平行四辺形である。

3　次の⑦～⑦の条件を満たす□ABCDのうち，必ず長方形になるものをすべて選びなさい。

　　⑦　∠A＝90°　　　　　　　⑦　∠A＝∠B　　　　　　⑦　AB＝AD

考え方　長方形は，4つの角がすべて等しい四角形である。また，平行四辺形の2組の対角はそれぞれ等しい。

▶解答　⑦　∠A＝90°から　∠C＝90°

　　　　　　したがって　∠B＝∠D＝180°÷2＝90°

　　　　　　ゆえに　∠A＝∠B＝∠C＝∠D　であり，長方形になる。

　　　　⑦　∠A＝∠C，∠B＝∠Dだから

　　　　　　∠A＝∠Bならば，∠A＝∠B＝∠C＝∠D　となるので，長方形になる。

　　　　⑦　AB＝ADであっても，4つの角の大きさは定まらないので長方形にならない場合もある。（例　ひし形）　　　　　　　　　　　　　　答　⑦，⑦

4　□ABCDの対角線ACに平行な直線が，辺AD，CDと交わる点をそれぞれE，Fとします。

△ABEと面積が等しい三角形をすべて見つけなさい。

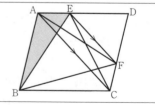

考え方　平行な2直線の距離は一定であることを利用して，底辺と高さがそれぞれ等しい三角形を見つける。

▶解答　AEを底辺とみると，△ABE＝△ACE

　　　　ACを底辺とみると，△ACE＝△ACF

　　　　CFを底辺とみると，△ACF＝△BCF　　　　答　△ACE，△ACF，△BCF

5章の問題

> **1** 次の□にあてはまる角や辺をかきなさい。
>
> (1) △ABCにおいて，AB＝BCならば∠A＝∠□である。
>
> (2) △ABCと△DEFにおいて，∠B＝∠E＝90°，AB＝DE，
>   AC＝□ならば△ABC≡△DEFである。
>
> (3) 四角形ABCDが平行四辺形ならば∠A＝∠□，
>   ∠B＝∠□である。

考え方 図を利用するとわかりやすい。

▶解答 (1) 右の図のように，△ABCは，
∠Bを頂角とする二等辺三角形になる。
したがって，底角が等しいから，
∠A＝∠ **C** である。

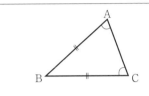

(2) 右の図のように，AC＝ **DF** ならば，
直角三角形の斜辺と他の1辺がそれぞれ
等しくなり，△ABC≡△DEFである。

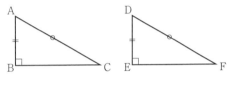

(3) 平行四辺形の2組の対角はそれぞれ等し
いから，
∠A＝∠ **C** ，∠B＝∠ **D**

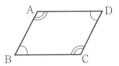

> **2** 右の図で，AB＝ACの△ABCの頂点B，Cから，
> それぞれ辺AC，ABに垂線をひき，その交点を
> D，Eとします。
> このとき，次の問いに答えなさい。
>
> (1) △ABD≡△ACEを証明しなさい。
>
> (2) CD＝BEを証明しなさい

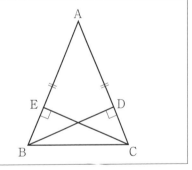

考え方 直角三角形の合同条件を利用する。AB＝ACなので，△ABDと△ACEの斜辺が等しい。

▶解答 (1) **△ABDと△ACEにおいて**

仮定より　　　　　AB＝AC　　　……①

　　　　　　　∠BDA＝∠CEA＝90°　……②

また　　　　　　　Aは共通　　　……③

①，②，③より　　直角三角形の斜辺と1つの鋭角がそれぞれ等しいから

　　　　　　　　△ABD≡△ACE

(2) **(1)より，合同な図形の対応する辺は等しいから**

　　　　　　　　AD＝AE　　　　……④

①，④より，AC－AD＝AB－AE

ゆえに　　　　　CD＝BE

③ 右の図のような□ABCDで，辺AB，CD上に，BE＝DFとなるように，それぞれ点E，Fをとります。
このとき，四角形AECFが平行四辺形であることを証明しなさい。

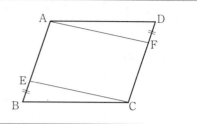

考え方　平行四辺形になる条件の⑤を利用して，平行四辺形であることを示せばよい。

▶解答　**四角形ABCDは平行四辺形だから**

$$AB \mathbin{/\!/} DC \quad \cdots\cdots ①$$
$$AB = CD \quad \cdots\cdots ②$$

仮定から　　　　$BE = DF \quad \cdots\cdots ③$
$$AE = AB - BE$$
$$CF = CD - DF$$

②，③より　　　　$AE = CF \quad \cdots\cdots ④$

①，④より，1組の対辺が平行で，その長さが等しいから，四角形AECFは平行四辺形である。

④ 右の図（図は解答欄）のように，長方形ABCDの土地が折れ線PQRを境界として，2つに分けられています。この境界線を，点Pを通り，2つの土地の面積を変えない1本の線分に改めます。新しい境界線を右の図にかきなさい。

考え方　△PRQ＝△PRSとなるような点Sを辺BC上にとり，点Pと点Sを結べばよい。

▶解答　右の図
（作図方法）
(1)　点PとRを結ぶ。
(2)　点Qを通り，線分PRと平行な直線と辺BCの交点をSとする。
(3)　点PとSを結ぶ。

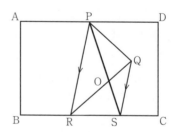

とりくんでみよう

① 幅が一定の紙テープを右の図のように折り返したとき，重なった部分の△ABCは，どんな三角形になりますか。また，そのことを証明しなさい。

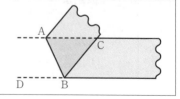

▶解答　**二等辺三角形**

[証明]　**平行線の錯角は等しいから，AC∥DBより**

$$∠ABD = ∠BAC　……①$$

テープを折り返しているから

$$∠ABD = ∠ABC　……②$$

①，②より　　∠BAC = ∠ABC

2つの角が等しいから，△ABCは二等辺三角形である。

---

②　右の図のように，直線 ℓ が直角二等辺三角形ABCの直
角の頂点Aを通っています。頂点B，Cから直線 ℓ に垂線
BD，CEをひくとき，次のことを証明しなさい。

(1)　△ADB≡△CEA　　　　　(2)　DE＝BD＋CE

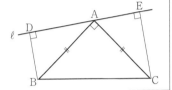

▶解答　(1)　**△ADBと△CEAにおいて**

仮定から　　　　　　AB＝CA　　……①

∠ADB＝∠CEA＝90°　……②

三角形の内角の和は180°だから

∠BAD＋∠ABD＝90°　……③

また　　∠BAD＋∠CAE＝90°　……④

③，④より　　　　∠ABD＝∠CAE……⑤

①，②，⑤より，直角三角形の斜辺と1つの鋭角がそれぞれ等しいから

$$△ADB≡△CEA$$

(2)　**(1)より，合同な図形の対応する辺の長さは等しいから**

AD＝CE，　BD＝AE

ゆえに　　DE＝AE＋AD＝BD＋CE

---

③　右の図のように，□ABCDの4つの内角
∠A，∠B，∠C，∠Dの二等分線でつくら
れた四角形EHFGは，どんな四角形ですか。

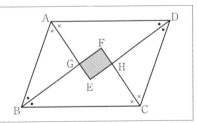

考え方　平行四辺形のとなり合う角の和は180°である。

▶解答　四角形ABCDは平行四辺形だから　　　∠A＋∠D＝180°

仮定から　　∠DAE＋∠ADE $＝\dfrac{1}{2}∠A＋\dfrac{1}{2}∠D＝90°$

△AEDの内角の和は180°だから　　∠E＝90°

同じようにして　∠F＝90°，∠AGB＝90°，∠CHD＝90°

対頂角は等しいから　　∠EGF＝∠AGB＝90°

$$∠EHF＝∠CHD＝90°$$

4つの角がすべて等しいから，四角形EHFGは**長方形**である。

4　　次の⑦のことがらの逆は，④です。

　　　⑦　四角形ABCDにおいて，

　　　　　平行四辺形ならば∠A＝∠C

　　　④　四角形ABCDにおいて，

　　　　　∠A＝∠Cならば平行四辺形

　　⑦は正しいですが，④は正しくありません。

　　④が正しくないことを説明しなさい。

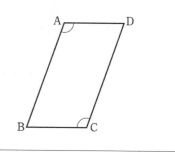

考え方　正しくないことをいうには，反例を1つ示せばよい。

▶解答　**右の図のような四角形ABCDは**

　　　　∠A＝∠Cであるが，

　　　　∠B＝∠Dではないので平行四辺形ではない。

　　　　したがって，④は正しくない。

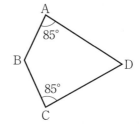

次の章を学ぶ前に

1 右の表は，20個のみかんの重さを
調べた結果です。
次の(1)，(2)の値をそれぞれ求め
ましょう。

みかんの重さ(g)

90	102
93	103
93	103
95	104
96	104
96	104
97	107
98	110
98	112
100	114

(1) 20個のみかんの重さの中央値

(2) 20個のみかんの重さの最大値，
最小値，範囲

考え方 (1) 中央値は，データを大きさの順に並べたときの中央の値。

(2) （範囲）＝（最大値）－（最小値）

▶解答 (1) $(100＋102)÷2＝$**101(g)**

(2) （最大値）＝**114(g)**，（最小値）＝**90(g)**，（範囲）＝$114－90＝$**24(g)**

2 A，B，C，Dの4人が，リレーのチームをつくります。4人が走る順番は，何通り
ありますか。

▶解答 下の図から，**24通り**

$$A\left\{\begin{array}{l}B\left\langle\begin{array}{l}C-D\\D-C\end{array}\right.\\C\left\langle\begin{array}{l}B-D\\D-B\end{array}\right.\\D\left\langle\begin{array}{l}B-C\\C-B\end{array}\right.\end{array}\right. \quad B\left\{\begin{array}{l}A\left\langle\begin{array}{l}C-D\\D-C\end{array}\right.\\C\left\langle\begin{array}{l}A-D\\D-A\end{array}\right.\\D\left\langle\begin{array}{l}A-C\\C-A\end{array}\right.\end{array}\right. \quad C\left\{\begin{array}{l}A\left\langle\begin{array}{l}B-D\\D-B\end{array}\right.\\B\left\langle\begin{array}{l}A-D\\D-A\end{array}\right.\\D\left\langle\begin{array}{l}A-B\\B-A\end{array}\right.\end{array}\right. \quad D\left\{\begin{array}{l}A\left\langle\begin{array}{l}B-C\\C-B\end{array}\right.\\B\left\langle\begin{array}{l}A-C\\C-A\end{array}\right.\\C\left\langle\begin{array}{l}A-B\\B-A\end{array}\right.\end{array}\right.$$

3 バニラ，チョコレート，ストロベリー，ミントの4種類のアイスクリームがあります。
この中から2種類のアイスクリームを選ぶ選び方は，何通りありますか。

▶解答 下の図から，**6通り**

$$バニラ\left\{\begin{array}{l}チョコレート\\ストロベリー\\ミント\end{array}\right. \quad チョコレート\left\langle\begin{array}{l}ストロベリー\\ミント\end{array}\right. \quad ストロベリー-ミント$$

データの分布と確率

この章について

1年では，1つのデータについて代表値，範囲，相対度数などを用いて，その特徴について調べました。ここでは，四分位範囲や箱ひげ図を用いて，複数のデータについて分布や傾向を比較して読み取ることを学習します。また，四分位範囲や箱ひげ図を活用して問題解決に役立てます。

1 節 ｜ データの分布の比較

1 ｜ 四分位数と箱ひげ図

基本事項ノート

→四分位数

データの値を小さい順に並べて，値の個数が等しくなるように4つに分けたときの，3つの区切りの位置の値を四分位数といい，小さい順に第1四分位数，第2四分位数，第3四分位数という。

例

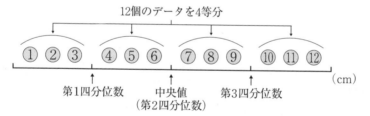

→箱ひげ図

データの最小値，最大値，四分位数を数直線に対応させて，データの分布を長方形と線分を使って表した図を箱ひげ図という。

例

〔12個のデータの箱ひげ図〕

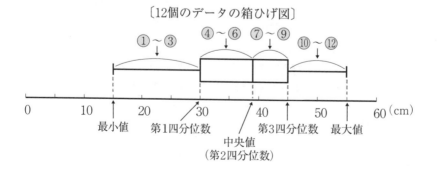

問1 次の図は，163ページの表1と同じ期間に，福岡で猛暑日が年間何日あったかを
表した箱ひげ図です。この図から，最小値，最大値，四分位数を読み取りなさい。

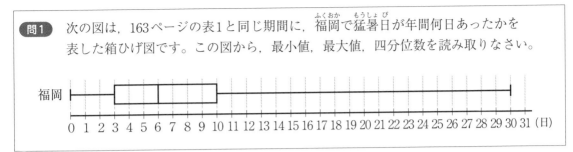

▶解答　**最小値は0日，最大値は30日，**
第1四分位数は3日，中央値（第2四分位数）は6日，第3四分位数は10日

考えよう

問2　**問1**の福岡の箱ひげ図は，左のひげより右のひげの方が長くなっています。
このことから，「猛暑日が3日以下の年より，10日以上の年の方が多い」といって
よいでしょうか。

考え方　箱ひげ図の4つの区間にふくまれるデータの個数はどこも等しい。

▶解答　ひげの長さにかかわらず，箱ひげ図の4つの区間にふくまれるデータの個数は等しい
ので，**猛暑日が3日以下の年より，10日以上の年の方が多いとはいえない。**

問3　下の図は，163ページの表1と同じ期間に，各地で猛暑日が年間何日あったかを
表した箱ひげ図です。
次の(1)～(3)の文章にあてはまるのは，それぞれ福岡，大阪，東京のうちの
どこですか。
(1)　データの中央値が3地点で最も少ない。
(2)　この20年間で，猛暑日が1日もなかった年がある。
(3)　この20年間の半分以上で，猛暑日が年10日以上あった。

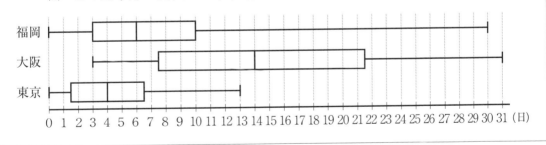

考え方　(1)　（中央値）＝（第2四分位数）　　(2)　最小値が0日の地点。
　　　　(3)　中央値が10日以上の地点があてはまる。

▶解答　(1)　**東京**（中央値は順に，福岡が6日，大阪が14日，東京が4日）
　　　　(2)　**福岡，東京**（最小値は順に，福岡が0日，大阪が3日，東京が0日）
　　　　(3)　**大阪**（中央値が14日なので，20年間の半分以上の年で猛暑日が10日以上あった
　　　　　　といえる。）

問4 **問3**の箱ひげ図において，猛暑日が7日あった年は，左のひげの区間，箱の区間，
右のひげの区間のどの区間にあてはまりますか。
地点ごとに答えなさい。

▶解答　福岡・・・**箱の区間**
　　　　大阪・・・**左のひげの区間**
　　　　東京・・・**右のひげの区間**

話し合おう

問5 **問3**の箱ひげ図から，福岡，大阪，東京の中で猛暑日が最も多いのは，
どこといえるでしょうか。

考え方　中央値から最大値までにデータの約半数がふくまれるから，中央値が大きい地点ほど
猛暑日が多いと考えられる。

▶解答　**大阪**
　　　（理由）各地点の中央値は，福岡が6日，大阪が14日，東京が4日で，データの約半数
　　　　　　にふくまれる日数が大阪で最も多いから。

補充問題30　次の図は，咲さんが1年間で釣りに行った日に釣れた魚の数を表した箱ひげ図です。
この箱ひげ図から，最小値，最大値，四分位数を読み取りなさい。（教科書P.220）

釣れた魚の数

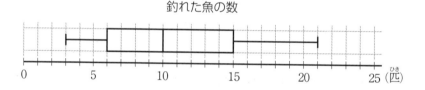

▶解答　**最小値は3匹，最大値は21匹，**
　　　　第1四分位数は6匹，中央値（第2四分位数）は10匹，第3四分位数は15匹

2　四分位数の求め方と箱ひげ図のかき方

基本事項ノート

➡箱ひげ図のかき方①

例）　データの個数が偶数個の場合
　　12人の生徒の小テストの
　　結果を箱ひげ図に表す。

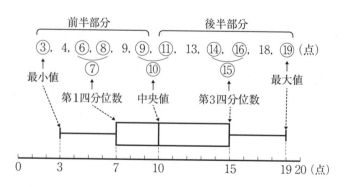

→箱ひげ図のかき方②

例 データの個数が奇数個の場合
例 のデータに，6点，10点，
17点の3人のデータを加える。

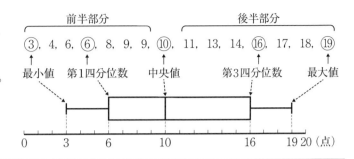

前半部分　　　　　　　　　　　後半部分
③, 4, 6, ⑥, 8, 9, 9, ⑩, 11, 13, 14, ⑯, 17, 18, ⑲
最小値　第1四分位数　中央値　　第3四分位数　最大値

問1 表1のB選手のデータの最小値，最大値，四分位数を求めなさい。

▶解答 B選手のデータを小さい順に並べなおすと，

0, 3, 6, 6, 8, 8, 9, 10, 11, 15

となるから，最小値 **0点**，最大値 **15点**

第1四分位数は，小さい方から3番目だから，**6点**

中央値は，小さい方から5番目と6番目の平均値だから，

$(8+8) \div 2 = \mathbf{8(点)}$

第3四分位数は，小さい方から8番目だから，**10点**

問2 次の⑦の図は，**例2**でかいたA選手のデータの箱ひげ図です。その下に，B選手のデータの箱ひげ図をかきなさい。

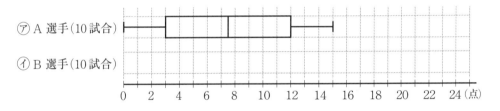

⑦ A 選手（10試合）

④ B 選手（10試合）

0　2　4　6　8　10　12　14　16　18　20　22　24（点）

▶解答 B選手のデータは**問1**から，最小値0点，最大値15点

第1四分位数6点，中央値（第2四分位数）8点，第3四分位数10点

これを箱ひげ図に表すと，下の図のようになる。

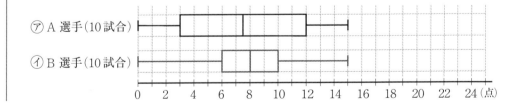

⑦ A 選手（10試合）

④ B 選手（10試合）

0　2　4　6　8　10　12　14　16　18　20　22　24（点）

問3 表2のB選手のデータの最小値，最大値，四分位数を求めなさい。

▶解答　B選手のデータを小さい順に並べなおすと，

0, 3, 6, 6, 8, 8, 9, 10, 11, 15, 24

となるから，最小値**0点**，最大値**24点**

第1四分位数は，小さい方から3番目だから，**6点**

中央値は，小さい方から6番目の値だから，**8点**

第3四分位数は，小さい方から9番目だから，**11点**

問4　下の図に，表2のA選手とB選手のデータの箱ひげ図を，それぞれかきなさい。

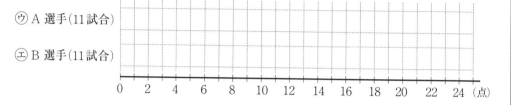

▶解答　A選手のデータも表2から，最小値0点，最大値15点

第1四分位数は，小さい方から3番目だから，3点

中央値は，小さい方から6番目の値だから，7点

第3四分位数は，小さい方から9番目だから，12点

B選手のデータは**問3**から，最小値0点，最大値24点

第1四分位数6点，中央値(第2四分位数)8点，第3四分位数11点

これらを箱ひげ図に表すと，下の図のようになる。

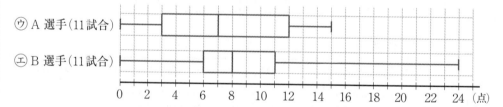

補充問題31　次の表は10日間の清掃活動に参加した日ごとの人数を少ない順に並べたものです。この表をもとに箱ひげ図をかきなさい。（教科書P.220）

清掃活動の参加人数（人）

7	14	14	15	16	16	18	20	21	22

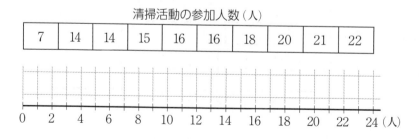

▶解答　最小値7人，最大値22人
第1四分位数は，小さい方から3番目だから，14人
中央値は，小さい方から5番目と6番目の平均値だから
　　(16＋16)÷2＝16(人)
第3四分位数は，小さい方から8番目だから，20人
これを箱ひげ図に表すと，下の図のようになる。

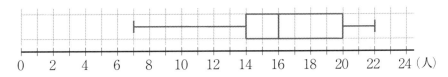

3　四分位範囲と箱ひげ図

基本事項ノート

→四分位範囲
　第3四分位数から第1四分位数をひいた値
　四分位範囲＝第3四分位数－第1四分位数
　データの中央付近にある約半数の値の範囲を
　表している。

❶注　範囲＝最大値－最小値
　　　データにふくまれるすべての値の範囲

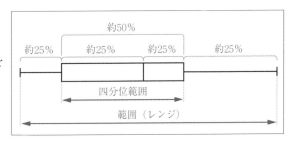

問1　前ページの㋒，㋑，㋘の図のデータの範囲と四分位範囲をそれぞれ求めなさい。

▶解答　㋒　範囲は15－0＝**15**，四分位範囲は12－3＝**9**
　　　　㋑　範囲は15－0＝**15**，四分位範囲は10－6＝**4**
　　　　㋘　範囲は24－0＝**24**，四分位範囲は11－6＝**5**

| 考えよう

問2　㋘の図のデータは，㋑の図のデータに「24」という11個目の値を追加したものです。
　　㋘の図のデータにおいて，追加した値の影響をより強く受けているのは，範囲と四分
　　位範囲のどちらですか。

考え方　データの中にかけ離れた値があるとき，範囲はその影響を受けやすく，四分位範囲は
　　　　影響を受けにくい。

▶解答　**範囲**(24というデータが加わったことで，四分位範囲は5－4＝1しか増えていないが，
　　　　範囲は24－15＝9増えているから。)

まちがえやすい問題

　⑦と①の図を比べて、「13点以上とった試合数は、A選手よりB選手の方が多い」と
いえますか。その答えを、169ページの表2で確かめなさい。

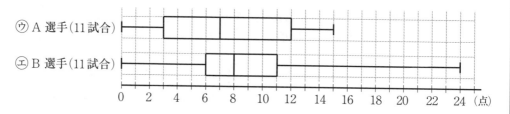

考え方　箱ひげ図のひげの長さはデータの個数に比例していない。

▶解答　**⑦と①の図からはわからない。**

　教科書169ページの表2を見ると、13点以上とった試合数は、A選手が2試合でB選手
も2試合で同じである。

4　多数のデータの分布の比較

基本事項ノート

➔複数のデータの分布の比較

　箱ひげ図を比較することによって、複数のデータの分布のようすを調べることができる。

例）　1組と2組のそれぞれ30人の小テストの結果を箱ひ
　　げ図に表したものである。1組は4点から18点まで
　　広く分布しているのに対して、2組は8点から14点
　　までで、特に10点から12点に集中していることが
　　わかる。

➔箱ひげ図は、右の図のように縦向きにかくこともある。

➔箱ひげ図に「+」の印で平均値を示すことがある。

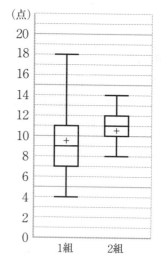

話し合おう

問1　右の図から、データの分布の変化について、
　　　どんなことがわかりますか。

▶解答　**猛暑日の日数が年々増加していることがわかる。**

問2　次の(1)〜(4)は、それぞれ上のヒストグラムと箱ひげ図のどちらから正しく読み取る
　　　ことができますか。
　　　また、それぞれの値を読み取って答えなさい。
　　　(1)　最小値　　　(2)　範囲　　　(3)　四分位範囲
　　　(4)　猛暑日が10日以上20日未満だった年の回数

▶解答　(1)　**箱ひげ図**から**0日**と読み取れる。

(2)　**箱ひげ図**から**24日**と読み取れる。

(3)　**箱ひげ図**から8−1＝**7(日)**と読み取れる。

(4)　**ヒストグラム**から**0回**と読み取れる。

| 話し合おう |

問3　これまでに調べたことから，「大阪の猛暑日は増える傾向にある」と判断できるでしょうか。

▶解答　教科書172ページの図から，過去80年のデータのうち古いデータから新しいデータにかけて中央値，平均値ともに増えていることが読み取れるので，大阪の猛暑日は**増える傾向にあると判断できる。**

基本の問題

(1)　次の(1)～(3)の文章は，箱ひげ図や四分位範囲について説明したものです。
□にあてはまる数やことばをかき入れなさい。

(1)　箱ひげ図の箱の区間には，中央値の前後の約□％ずつ，合わせて
約□％の値がふくまれる。

(2)　(四分位範囲)＝(　　　　　　　　)−(　　　　　　　　)

(3)　範囲と四分位範囲のうち，データの中のかけ離れた値の影響を受け
やすいのは□である。

考え方　(3)　四分位範囲はデータの中央付近の約半数のデータの範囲で，範囲はすべての
データの範囲である。

▶解答　(1)　**25，50**　　　(2)　**第3四分位数，第1四分位数**　　　(3)　**範囲**

---

(2)　2つの箱A，Bにはいったジャガイモの1個ごとの重さのデータを，それぞれデータA，
データBとします。
それぞれのデータの四分位数と四分位範囲を求めなさい。

データA：35 g，39 g，39 g，46 g，47 g，49 g，49 g，51 g，52 g，53 g，54 g，
　　　　54 g，54 g，60 g

データB：60 g，61 g，65 g，65 g，69 g，70 g，73 g，74 g，76 g，76 g，80 g，
　　　　89 g，90 g

考え方　データAはデータ数が14で偶数だから，中央値(第2四分位数)は平均値で求める。
第1四分位数と第3四分位数は，前半部分7個と後半部分7個のデータからそれぞれ求
める。
データBはデータ数が13で奇数だから，中央である7番目のデータが中央値である。

第1四分位数と第3四分位数は，中央値をふくまない前半部分6個と後半部分6個のデータからそれぞれ求める。

（四分位範囲）＝（第3四分位数）−（第1四分位数）

▶解答　データA　第1四分位数　**46g**，中央値　（49＋51）÷2＝**50(g)**，
　　　　　　　　　第3四分位数　**54g**　四分位範囲　54−46＝**8(g)**

　　　　データB　第1四分位数　（65＋65）÷2＝**65(g)**，中央値　**73g**，
　　　　　　　　　第3四分位数　（76＋80）÷2＝**78(g)**
　　　　　　　　　四分位範囲　78−65＝**13(g)**

3　下の図は，那覇と東京における，2018年7月1日から7月31日までの，
1日ごとの最高気温のデータを箱ひげ図に表したものです。
次の(1)，(2)のことがらは，それぞれ正しいといえますか。下の図から判断しなさい。

(1)　この7月に最高気温が32℃以上だった日数を比べると，那覇より東京の方が多い。

(2)　この7月の那覇において，最高気温が30℃未満の日数は，30℃以上32℃未満の日数より多い。

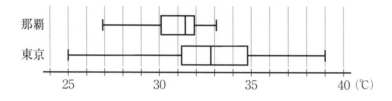

考え方　箱ひげ図の箱やひげの長さは，データ数に比例しない。また，各四分位数で区切られた4つの区間にはそれぞれデータ全体の約25%ずつがふくまれている。

▶解答　(1)　那覇は第3四分位数が32℃なのでデータの約25%が32℃以上と考えられ，東京は中央値が32℃より大きいのでデータの約50%以上が32℃以上と考えられる。したがって，**正しい**。

　　　　(2)　那覇は第1四分位数が30℃なので30℃未満の日数は全体の約25%と考えられ，第3四分位数が32℃より小さいのでデータの約50%以上が30℃以上32℃未満と考えられる。よって，**正しくない**。

---

2 節 | 場合の数と確率

1 確率の求め方

基本事項ノート

➡同様に確からしい

　ある試みで，起こりうるすべての場合について，そのどれが起こることも同じ程度に
期待できるとき，各場合の起こることは同様に確からしいという。

➔ 確率の求め方

ある試みで，起こりうる場合が全部で n 通りあって，そのどれが起こることも同様に確からしいとする。このとき，それぞれの場合の起こる確率は $\dfrac{1}{n}$ である。

また，ことがらＡの起こる場合が a 通りならば，1回の試みでことがらＡの起こる確率は $\dfrac{a}{n}$ である。

| 例 | 1つのさいころを投げるとき，目の出方は6通りで，6通りの目の出方は同様に確からしい。このとき，それぞれの目が出る場合の確率は $\dfrac{1}{6}$ である。

また，偶数の目は3通りあるから，偶数の目が出る確率は $\dfrac{3}{6} = \dfrac{1}{2}$ である。

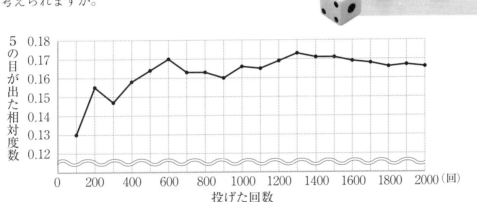

Ⓠ 1つのさいころを続けて投げる実験をしたところ，投げる回数が多くなるにつれて，5の目が出た相対度数が下の折れ線グラフのように変化しました。この図から，1つのさいころを投げたときに5の目が出る確率は，どの程度であると考えられますか。

▶解答　折れ線グラフから2000回投げたときの相対度数を確率と考えてよいから，5の目が出る確率は **0.167** と考えられる。

問1　ジョーカーを除く1組のトランプ52枚を裏返してよく混ぜ，そこから1枚を選ぶとき，次の確率を求めなさい。
　(1)　7のカードを選ぶ確率
　(2)　ハートのカードを選ぶ確率
　(3)　絵札を選ぶ確率

考え方　起こりうるすべての場合…52通り。そのどれが起こることも同様に確からしい。
　(1)　7のカードを選ぶ場合…4通り（7のカードは4枚ある）
　(2)　ハートのカードを選ぶ場合…13通り
　(3)　絵札を選ぶ場合…12通り

▶解答

(1) $\dfrac{4}{52} = \dfrac{1}{13}$

(2) $\dfrac{13}{52} = \dfrac{1}{4}$

(3) $\dfrac{12}{52} = \dfrac{3}{13}$

問2 　1の目が出る確率が$\dfrac{1}{6}$であるさいころがあります。

このさいころの目の出方について正しく述べたものを，次の㋐〜㋔の中から選びなさい。

㋐　6回投げると，そのうち1回は必ず1の目が出る。

㋑　5回投げて，1の目が1回も出ていなければ，6回目には必ず1の目が出る。

㋒　6回投げると，1から6までの目が必ず1回ずつ出る。

㋓　30回投げると，1の目は必ず5回出る。

㋔　6000回投げると，1の目はおよそ1000回くらい出る。

▶解答　正しいのは㋔

確率が$\dfrac{1}{6}$だからといって，㋐，㋑，㋒，㋓のように「必ず〜が起こる」ということではない。㋔のように，「6000回のうちおよそ1000回くらい起こる」と考えるのが正しい。

2　確率の性質

基本事項ノート

→確率のとりうる値の範囲

あることがらが決して起こらない確率は0である。

また，必ず起こる確率は1である。

あることがらが起こる確率をpとすると，pのとりうる値は，$0 \leqq p \leqq 1$である。

→「起こる確率」と「起こらない確率」

ことがらAについて，

(Aの起こる確率）＋（Aの起こらない確率）＝1　である。

Aの起こる確率をpとすると，Aの起こらない確率は$1-p$となる。

Q　㋐の箱には白玉が7個，㋑の箱には赤玉が4個と白玉が3個，

㋒の箱には赤玉が7個はいっています。

㋐〜㋒の箱から玉を1個ずつ取り出すとき，取り出した玉が赤玉である確率をそれぞれ求めましょう。

▶解答　㋐　赤玉は1つもないから，$\dfrac{0}{7} = \mathbf{0}$　　　　㋑　7個のうち4個が赤玉だから，$\dfrac{\mathbf{4}}{\mathbf{7}}$

㋒　7個のうち7個が赤玉だから，$\dfrac{7}{7} = \mathbf{1}$

問1 箱の中に10個の玉があり，そのうち5個が赤玉，3個が白玉，2個が青玉です。
この箱から玉を1個取り出すとき，次の確率を求めなさい。

(1)　青玉を取り出す確率

(2)　赤玉か白玉を取り出す確率

(3)　赤玉，白玉，青玉のいずれかを取り出す確率

(4)　赤玉，白玉，青玉以外の玉を取り出す確率

考え方 起こりうるすべての場合は10通りで，どれが起こることも同様に確からしい。

このうち，

(1)青玉を取り出す場合…2（通り）

(2)赤玉または白玉を取り出す場合…5＋3＝8（通り）

(3)赤玉，白玉，青玉のいずれかを取り出す場合…5＋3＋2＝10（通り）

(4)赤玉，白玉，青玉以外の玉を取り出す場合…0（通り）

▶解答 (1)　$\dfrac{2}{10}=\dfrac{1}{5}$　(2)　$\dfrac{5+3}{10}=\dfrac{8}{10}=\dfrac{4}{5}$　(3)　$\dfrac{5+3+2}{10}=\dfrac{10}{10}=1$　(4)　$\dfrac{0}{10}=0$

問2 あることがらが「起こる確率」と「起こらない確率」の
関係について，次の(1)，(2)のことがらを例に考えましょう。

(1)　さいころを1回投げるとき，
どの目が出ることも同様に
確からしいとして，次の□に
あてはまる数をかき入れましょう。

1の目が出る場合　1の目が出ない場合
1通り　　　　　　5通り

起こりうるすべての場合
6通り

> さいころを1回投げるとき，1の目が出るか，1の目が出ないかの
> どちらかしか起こりえないから，次の関係が成り立つ。
>
> （1の目が出る確率）＋（1の目が出ない確率）＝ □

(2)　$\dfrac{1}{8}$ の確率であたりが出るくじがあります。このくじを1回引くとき，はずれる
確率はいくらになりますか。

「起こる確率」と「起こらない確率」の関係から考えましょう。

考え方 (1)　（1の目が出る場合）＋（1の目が出ない場合）＝（すべての場合）となる。

(2)　（あたる場合）＋（はずれる場合）＝（すべての場合）となる。

▶解答 (1)　1の目が出る場合は1通り，1の目が出ない場合は5通りで，
すべての場合が6通りだから，
（1の目が出る確率）＝$\dfrac{1}{6}$　（1の目が出ない確率）＝$\dfrac{5}{6}$となる。

よって，$\dfrac{1}{6}+\dfrac{5}{6}=1$

(2)　(あたる場合)＋(あたらない場合)＝(すべての場合)であるから，

　　　(1)より，(あたる確率)＋(あたらない(はずれる)確率)＝1と考えられる。

　　　あたる確率＝$\frac{1}{8}$だから，

　　　　　　$\frac{1}{8}$＋(はずれる確率)＝1

　　　よって，(はずれる確率)＝$1-\frac{1}{8}=\boldsymbol{\frac{7}{8}}$

問3　正十二面体の各面に，1から12までの整数が1つずつかかれたさいころがあります。
このさいころを1回投げるとき，どの目が出ることも
同様に確からしいとして，次の確率を求めなさい。

(1)　3の倍数の目が出る確率

(2)　3の倍数の目が出ない確率

(3)　2の倍数または3の倍数の目が出る確率

(4)　2の倍数の目も3の倍数の目も出ない確率

考え方　起こりうるすべての場合…12通り。そのどれが起こることも同様に確からしい。

また，Aの起こる確率をpとすると，Aの起こらない確率は$1-p$である。そのうち，

(1)　3の倍数の目は　3, 6, 9, 12　の4通り

(2)　3の倍数の目が出ない確率は　1−(3の倍数が出る確率)

(3)　2の倍数または3の倍数の目は　2, 3, 4, 6, 8, 9, 10, 12　の8通り

(4)　2の倍数の目も3の倍数の目も出ない確率は

　　　1−(2の倍数または3の倍数の目が出る確率)　となる。

▶解答　(1)　$\frac{4}{12}=\boldsymbol{\frac{1}{3}}$　　(2)　$1-\frac{1}{3}=\boldsymbol{\frac{2}{3}}$　　(3)　$\frac{8}{12}=\boldsymbol{\frac{2}{3}}$　　(4)　$1-\frac{2}{3}=\boldsymbol{\frac{1}{3}}$

注　(3)で，2の倍数と3の倍数には共通した数字がある。

3　場合の数と確率①

基本事項ノート

→樹形図

　起こりうるすべての場合を整理してかき出すとき，**例**のような図を使うことがある。
このような図を樹形図という。

→樹形図による場合の数の整理例

例　3枚の硬貨A，B，Cを同時に投げるとき，起こり
うるすべての場合が何通りか数えると，右の図の
8通りになる。　　　　　　　○…表　×…裏

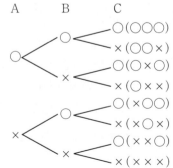

→表による場合の数の整理

例）　表が黒で裏が白の大小2枚の円板を同時に投げるとき，起こりうるすべての場合は，右の表の4通りになる。

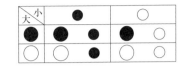

> **Q**　1枚のコインを投げるとき，表が出ることと裏が出ることは同様に確からしいとします。このコインを2枚同時に投げるとき，2枚とも表，1枚は表で1枚は裏，2枚とも裏の3通りのうち，どの出方が最も出やすいか予想しましょう。

▶解答　**1枚は表で1枚は裏の場合。**

> **問1**　**Q**のコインを2枚同時に投げるとき，次の確率を求めなさい。
> (1)　1枚は表で1枚は裏が出る確率　　　(2)　少なくとも1枚は裏が出る確率

考え方　樹形図をかいて，起こりうるすべての場合と条件をみたす場合がそれぞれ何通りあるか数える。

▶解答　(1)　樹形図から，（表，裏），（裏，表）の2通りある。
　　　　　　求める確率は$\dfrac{2}{4}=\dfrac{1}{2}$
　　　　(2)　樹形図から，（表，裏），（裏，表），（裏，裏）の3通りある。求める確率は$\dfrac{3}{4}$

1枚目　　2枚目

表 ──── 表
　 ──── 裏

裏 ──── 表
　 ──── 裏

> **問2**　**Q**のコインを3枚同時に投げるとき，2枚は表で1枚は裏が出る確率を求めなさい。

▶解答　3枚の硬貨を同時に投げるとき，起こりうるすべての場合は，右の図の8通りである。これらは同様に確からしい。
このうち，2枚が表で1枚が裏である場合は3通りである。
求める確率は$\dfrac{3}{8}$

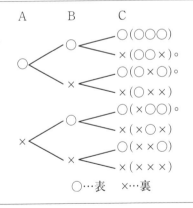

○…表　×…裏

> **問3**　**例2**の2つのさいころを同時に投げるとき，2つの目の数の積が12になる確率を求めなさい。

考え方　2つのさいころをA，Bとし，**例2**の表をもとに，積の表をつくって考えるとよい。

▶解答　右の表から，起こりうるすべての場合は36通り。

目の数の積が12になるのは4通りだから，

求める確率は $\dfrac{4}{36} = \dfrac{1}{9}$

A\B	1	2	3	4	5	6
1	1	2	3	4	5	6
2	2	4	6	8	10	12
3	3	6	9	12	15	18
4	4	8	12	16	20	24
5	5	10	15	20	25	30
6	6	12	18	24	30	36

補充問題32　1枚のコインを投げるとき，表が出ることと裏が出ることは同様に確からしいとします。このコインを3回続けて投げるとき，次の確率を求めなさい。（教科書P.221）

(1)　3回とも表が出る確率　　　　　(2)　1回だけ表が出る確率

(3)　少なくとも1回は表が出る確率　(4)　1回も表が出ない確率

考え方　1枚の硬貨を3回続けて投げるとき，起こりうるすべての場合は，下の樹形図から8通りで，どれが起こることも同様に確からしい。

▶解答　(1)　樹形図から，（○○○）の1通りある。

　　　　求める確率は $\dfrac{1}{8}$

(2)　樹形図から，（○××），（×○×），（××○）の3通りある。求める確率は $\dfrac{3}{8}$

(3)　樹形図から，（○○○），（○○×），（○×○），（○××），（×○○），（×○×），（××○）の7通りある。求める確率は $\dfrac{7}{8}$

(4)　樹形図から，（×××）の1通りある。

　　　　求める確率は $\dfrac{1}{8}$

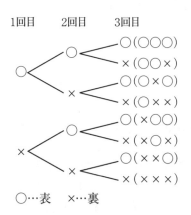

補充問題33　1つのさいころを投げるとき，どの目が出ることも同様に確からしいとします。2つのさいころを同時に投げるとき，次の確率を求めなさい。（教科書P.221）

(1)　2つの目の数の積が18になる確率

(2)　2つの目の数の積が30未満になる確率

考え方　2つのさいころA，Bを同時に投げるとき，起こりうるすべての場合は，下の表から36通りで，どれが起こることも同様に確からしい。

▶解答　(1)　右の表から，2つの目の数の積が18になるのは（3，6），（6，3）の2通りある。

求める確率は $\dfrac{2}{36} = \dfrac{1}{18}$

A\B	1	2	3	4	5	6
1	1	2	3	4	5	6
2	2	4	6	8	10	12
3	3	6	9	12	15	18
4	4	8	12	16	20	24
5	5	10	15	20	25	30
6	6	12	18	24	30	36

(2)　表から，2つの目の数の積が30以上になるのは

　　　(5, 6)，(6, 5)，(6, 6)の3通りで，

　　　その確率は$\dfrac{3}{36} = \dfrac{1}{12}$

　　　したがって，2つの目の数の積が30未満になる確率は

　　　$1 - \dfrac{1}{12} = \dfrac{11}{12}$

補充問題34　箱の中に①，②，③の3枚のカードがはいっています。この箱から2枚のカードを続けて取り出し，取り出した順に並べて2けたの整数をつくるとき，それが偶数になる確率を求めなさい。（教科書P.221）

▶解答　樹形図から，起こりうるすべての場合は6通り。
　　　そのうち，偶数になるのは，12，32の2通り。
　　　求める確率は$\dfrac{2}{6} = \dfrac{1}{3}$

十の位　　一の位

$1 <$ ② ③

$2 <$ ① ③

$3 <$ ① ②

4　場合の数と確率②

基本事項ノート

→組み合わせ

　組み合わせ方が全部で何通りあるか考える場合，樹形図や図，表を使って考えるとよい。

例　2人の女子Ⓐ，Ⓑと2人の男子Ⓒ，Ⓓの中から，
　　くじびきで2人の当番を決めるとき，2人とも同
　　性が選ばれる確率は，右の樹形図から　$\dfrac{2}{6} = \dfrac{1}{3}$

Ⓐ＜　Ⓑ(Ⓐ, Ⓑ)○　Ⓒ(Ⓐ, Ⓒ)　Ⓓ(Ⓐ, Ⓓ)

Ⓑ＜　Ⓒ(Ⓑ, Ⓒ)　Ⓓ(Ⓑ, Ⓓ)

Ⓒ——Ⓓ(Ⓒ, Ⓓ)○

問1　**例1**の5枚のトランプのカードから2枚を選ぶとき，次の確率を求めなさい。
(1)　2枚ともスペードである確率
(2)　1枚はスペード，1枚はハートである確率
(3)　少なくとも1枚はスペードである確率

考え方　教科書P.182の**例1**の樹形図で考える。
(1)　2枚ともスペードの選び方は，(④−⑤)の1通り
(2)　1枚がスペード，1枚がハートの選び方は，(①−④)，(①−⑤)，(②−④)，(②−⑤)，(③−④)，(③−⑤)の6通り

(3) 少なくとも1枚はスペードの選び方は, (①−④), (①−⑤), (②−④), (②−⑤),
(③−④), (③−⑤), (④−⑤)の7通り。

解 答　(1) $\dfrac{1}{10}$　　　　　　(2) $\dfrac{6}{10}=\dfrac{3}{5}$　　　　　　(3) $\dfrac{7}{10}$

問2　**例2**の箱から同時に2個の玉を取り出すとき, 次の確率を求めなさい。
(1) 2個とも赤玉である確率
(2) 白玉が1個, 赤玉が1個である確率

考え方　**例2**の樹形図から考える。
(1) 2個とも赤玉である取り出し方は
　　図の○印で1通り。
(2) 白玉が1個で赤玉が1個である取り
　　出し方は図の×印で8通り。

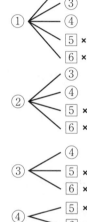

解 答　(1) $\dfrac{1}{15}$　　　　　　(2) $\dfrac{8}{15}$

問3　赤玉3個, 白玉1個, 青玉1個がはいっている箱から, 同時に2個の玉を取り出すとき,
次の確率を求めなさい。
(1) 赤玉と白玉が1個ずつである確率
(2) 2個の色がちがう確率

考え方　樹形図をかいて考える。
赤玉3個を①, ②, ③とし, 白球を⑭, 青球を㋭とする。
2個の玉の取り出し方は, 右の樹形図から, 全部で10通り
で, どれが起こることも同様に確からしい。
(1) 赤玉と白玉が1個ずつの取り出し方は3通り。
(2) 2個の色がちがう取り出し方は7通り。

解 答　(1) $\dfrac{3}{10}$　　　　　　(2) $\dfrac{7}{10}$

問4 **例2**の箱から1個の玉を取り出し，その玉を箱にもどしてよく混ぜてから，あらためて1個の玉を取り出すとき，2回とも白玉である確率は，**例2**で求めた確率と同じで$\dfrac{2}{5}$になりますか。
ならない場合は，その確率を求めましょう。

考え方 **例2**にならって，樹形図をかくと次の図のようになる。2回とも同じ球を取り出すこともあることに注意する。

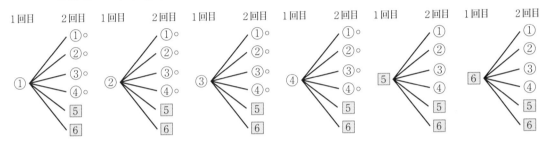

▶解答 **同じにならない。**
2回の玉の取り出し方は，上の樹形図から，全部で36通りで，どれが起こることも同様に確からしい。
このうち，2回とも白玉であるのは，印を付けた16通りだから，求める確率は$\dfrac{16}{36}=\dfrac{4}{9}$

補充問題35 箱の中に$\boxed{1}$，$\boxed{2}$，$\boxed{3}$，$\boxed{4}$，$\boxed{5}$の5枚のカードがはいっています。この箱から同時に2枚のカードを取り出して組をつくるとき，次の確率を求めなさい。（教科書P.221）
(1)　2枚の数の積が奇数になる確率
(2)　2枚の数の積が偶数になる確率
(3)　2枚の数の和が5以下になる確率

考え方 2枚のカードの取り出し方は，右下の樹形図から，全部で10通りで，どれが起こることも同様に確からしい。

▶解答 (1)　右の樹形図から，積が奇数になるのは，
($\boxed{1}$, $\boxed{3}$)，($\boxed{1}$, $\boxed{5}$)，($\boxed{3}$, $\boxed{5}$)の3通り。
求める確率は$\dfrac{3}{10}$

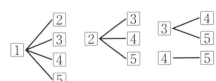

(2)　(1)から，求める確率は$1-\dfrac{3}{10}=\dfrac{7}{10}$

(3)　右の樹形図から，和が5以下になるのは，
($\boxed{1}$, $\boxed{2}$)，($\boxed{1}$, $\boxed{3}$)，($\boxed{1}$, $\boxed{4}$)，($\boxed{2}$, $\boxed{3}$)の4通り。
求める確率は$\dfrac{4}{10}=\dfrac{2}{5}$

| 補充問題36 | 袋の中に，白玉3個と赤玉2個がはいっています。この袋から，同時に2個の玉を取り |

補充問題36　袋の中に，白玉3個と赤玉2個がはいっています。この袋から，同時に2個の玉を取り
出すとき，次の確率を求めなさい。（教科書P.221）

(1)　2個の色が同じである確率

(2)　2個の色がちがう確率

(3)　少なくとも1個は赤玉である確率

考え方　白玉にあ，い，う，赤球にⒶ，Ⓑなどの名前をつけ，区別して樹形図に表す。
2個の玉の取り出し方は，右の樹形図から，全部で10通りで，どれが起こる
ことも同様に確からしい。

▶解答　(1)　右の樹形図から，2個の色が同じであるのは，

(あ，い)，(あ，う)，(い，う)，(Ⓐ，Ⓑ)の4通り。

求める確率は$\dfrac{4}{10}=\dfrac{2}{5}$

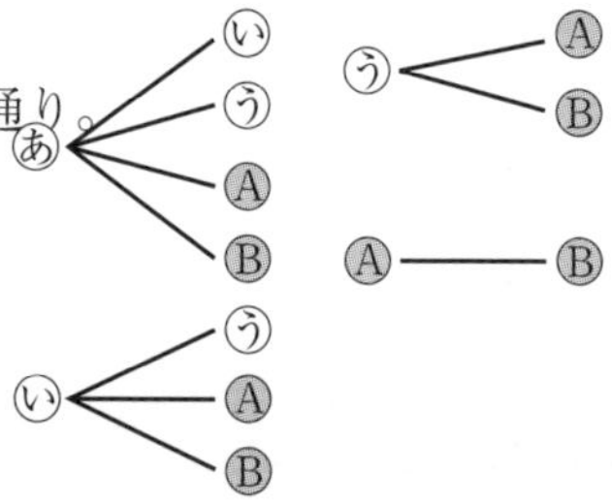

(2)　(1)から，求める確率は$1-\dfrac{2}{5}=\dfrac{3}{5}$

(3)　右の樹形図から，少なくとも1個は赤玉で

あるのは，(あ，Ⓐ)，(あ，Ⓑ)，(い，Ⓐ)，(い，Ⓑ)，

(う，Ⓐ)，(う，Ⓑ)，(Ⓐ，Ⓑ)の7通り。

求める確率は$\dfrac{7}{10}$

5　くじのあたりやすさを調べて説明しよう

基本事項ノート

➡起こりやすさを調べて説明する。

生活に身近な事がらの起こりやすさを，確率の考え方で数を使って表し，説明する。

Ⓠ　5本のくじがあり，そのうちの2本があたりです。2人が続けて1本ずつくじを引き，
引いたくじはもどさない場合，くじを引く順番によって，あたりやすさにちがいは
あるでしょうか。

❶　(1)　Ⓠのことがらについて予想しましょう。

(2)　予想が正しいかどうかを確かめる方法を考えましょう。

▶解答　(1)　(例)**あたりやすさにちがいはない。**

(2)　(例)**すべての場合を樹形図や表に表して調べる。**

❷ 予想が正しいかどうかを，自分で考えた方法で確かめましょう。
[和也さんの対話シート]

 （例） **5本のうち，あたりの2本を①，②，はずれの3本を③，④，⑤としてAさんが**
はじめにくじを引き，Bさんが次に引くとして樹形図をかく。
この図からすべての場合が何通りあり，そのうちAさんがあたる場合とBさん
があたる場合が何通りあるかを調べ，それぞれのあたる確率を比べる。

❸ (1) 自分で考えた方法と答えを説明しましょう。
(2) 説明のわからないところやよいと思ったところなどを話し合い，説明のしかたを
改善しましょう。

▶解答 (1) （例） **下の図の樹形図から，すべてのくじの引き方は4×5＝20（通り）ある。**
このうちAさんがあたる場合は図の○印の8通りだから求める確率は，

$$\frac{8}{20} = \frac{2}{5}$$

Bさんがあたる場合は図の×印の8通りだから求める確率は，

$$\frac{8}{20} = \frac{2}{5}$$

したがって　Aさん，Bさんのどちらもあたる確率が$\frac{2}{5}$だから，

くじを引く順番によってあたりやすさにちがいはない。

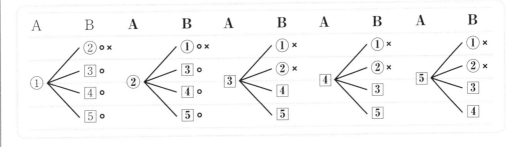

(2) （略）

❹ **身近なことがらを数学の問題 ◯Q にするとき，どんなことが必要でしたか。**
また，次に何を調べたいですか。

▶解答 　（例）　・くじの総数やあたりの本数，くじを引く人数などを決める必要がある。
　　　　　　　　・あたりの本数やくじを引く人数を変えて調べたい。　　　など

 くじの総数やあたりの本数など， **Q** の条件を変えても結果は同じでしょうか。
　新しい問題をつくって調べてみましょう。

考え方 　くじの本数を6本，あたりの本数を2本にして **Q** と同じ問題をつくる。

▶解答 　（例）　（問題）　**6本のくじがあり，そのうち2本があたりです。**
　　　　　　　　　　　　2人が続けて1本ずつくじを引き，引いたくじはもどさない場合，
　　　　　　　　　　　　くじを引く順番によって，あたりやすさにちがいはあるでしょうか。
　　　　　　（結果）　**6本のうち，あたりの2本を①，②，はずれの4本を③，④，⑤，⑥と**
　　　　　　　　　　　してAさんがはじめにくじを引き，Bさんが次に引くとして樹形図を
　　　　　　　　　　　かくと下の図のようになる。この樹形図から，すべてのくじの引き方
　　　　　　　　　　　は5×6＝30（通り）あり，このうちAさんがあたる場合は図の○印の

　　　　　　　　　　　10通り。求める確率は $\dfrac{10}{30}=\dfrac{1}{3}$

　　　　　　　　　　　Bさんがあたる場合は図の×印の10通り。求める確率は $\dfrac{10}{30}=\dfrac{1}{3}$

　　　　　　　　　　　したがって，Aさん，Bさんのどちらもあたる確率が $\dfrac{1}{3}$ だから，

　　　　　　　　　　　くじを引く順番によってあたりやすさにちがいはない。

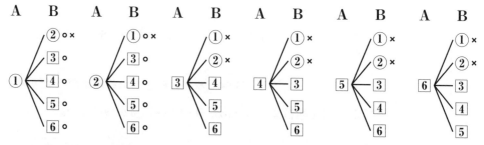

基本の問題

1　ジョーカーを除く1組のトランプ52枚を裏返してよく混ぜ，そこから1枚を選ぶとき，
　次の確率を求めなさい。
　(1) 5以下の数のカードを選ぶ確率
　(2) 5の倍数のカードを選ぶ確率

考え方 　すべての取り出し方は52通り。
　(1) 5以下のカードは5×4＝20（枚）
　(2) 5の倍数のカードは，5と10の2枚だから，2×4＝8（枚）

▶解答 　(1) $\dfrac{20}{52}=\dfrac{5}{13}$ 　　　　　　　(2) $\dfrac{8}{52}=\dfrac{2}{13}$

---

② 次の□にあてはまる数や式をかき入れなさい。

(1) 必ず起こることがらの確率は□である。

決して起こらないことがらの確率は□である。

(2) あることがらの起こる確率をpとすると，pのとりうる値は

□$\leqq p \leqq$□の範囲にある。

(3) ことがらAの起こる確率をpとすると，ことがらAの起こらない確率は

□である。

▶解答 (1)(順に) **1，0**　　　(2)(順に) **0，1**　　　(3) $\boldsymbol{1-p}$

---

③ $\dfrac{3}{100}$ の確率であたりが出るくじがあります。このくじを1回引くとき，はずれる
確率を求めなさい。

考え方 ことがらAの起こる確率がpのとき，Aの起こらない確率は$1-p$

▶解答 $1 - \dfrac{3}{100} = \dfrac{\boldsymbol{97}}{\boldsymbol{100}}$

---

④ 1つのさいころを投げるとき，どの目が出ることも同様に確からしいとします。
2つのさいころを同時に投げるとき，2つとも6の目が出る確率を求めなさい。

考え方 2つのさいころを同時に投げるときのすべての目の出方は，6×6＝36通り

▶解答 2つのさいころの出た目を(a, b)で表すと，2つとも6の目が出る場合は，$(6, 6)$の
1通り。求める確率は$\dfrac{\boldsymbol{1}}{\boldsymbol{36}}$

---

⑤ 1，2，3のカードが1枚ずつ，全部で3枚あります。カードを選ぶ前には裏返してよ
く混ぜるものとして，次の(1)，(2)の確率をそれぞれ求めなさい。

(1) 3枚から同時に2枚を選ぶ場合，2枚とも奇数のカードを選ぶ確率

(2) 3枚から1枚を選び，そのカードをもどしてから，あらためて3枚から1枚を選ぶ
場合，2回とも同じカードを選ぶ確率

考え方 (1) 2枚のカードの選び方は図1より3通りで，同様に確からしい。

(2) 2回のカードの選び方は図2の9通りで，同様に確からしい。同じカードを選ぶ
場合もあるので注意する。

▶解答 (1) 2枚とも奇数のカードの場合は図1の○印で
1通り。求める確率は，$\dfrac{\boldsymbol{1}}{\boldsymbol{3}}$

(2) 2回とも同じカードを選ぶ場合は
図2の○印で3通り。
求める確率は$\dfrac{3}{9} = \dfrac{\boldsymbol{1}}{\boldsymbol{3}}$

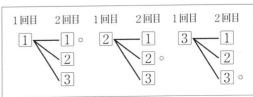

数学のたんけん── **期待値**

1　上にならって，B商店街の福引きの，景品の金額の期待値を求めましょう。

▶解答　B商店街の福引きの，景品の金額の期待値は，

$$3000 \times \frac{30}{500} + 500 \times \frac{70}{500} + 100 \times \frac{400}{500} = 180 + 70 + 80 = 330 (円)$$

（A商店街の期待値は280円だから，B商店街の方が有利と考えられる。）

6章の問題

1　次のデータは，ある会社の従業員15人の年齢を，低い順に並べたものです。

従業員の年齢(歳)

16, 19, 20, 22, 23, 27, 29, 29, 31, 36, 38, 39, 47, 55, 62

このデータについて，次の(1)〜(3)をそれぞれ求めなさい。
(1)　中央値　　(2)　第3四分位数　　(3)　四分位範囲

▶解答　(1)　中央値は，年齢の低い方から数えて8番目のデータだから，**29歳**
　　　　(2)　第3四分位数は，年齢の低い方から数えて12番目のデータだから，**39歳**
　　　　(3)　第1四分位数は，年齢の低い方から数えて4番目のデータだから，22歳
　　　　　　したがって，（四分位範囲）＝（第3四分位数）−（第1四分位数）＝39−22＝**17(歳)**

2　次の図は，ある学級の生徒32人が受けた3教科のテストの結果を表した箱ひげ図です。
この図から読み取れることがらとして正しいものを，下の㋐〜㋓の中からすべて
選びなさい。

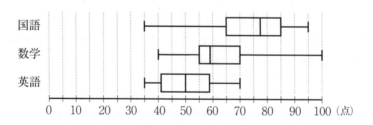

㋐　100点をとった生徒がいたのは数学だけである。
㋑　国語で65点未満の生徒の人数は，85点以上の生徒の約3倍いる。
㋒　英語では，半数以上の生徒が40点以上60点未満であった。
㋓　60点以上を取った生徒の人数が最も多いのは国語である。

考え方　㋐　最大値が100点なのは数学だけなので，正しい。
　　　　㋑　国語の第1四分位数が65点で第3四分位数が85点なので，65点未満の生徒と
　　　　　　85点以上の生徒はほぼ同じ人数いるといえるので，正しくない。

　　ⓒ　英語の第1四分位数が40点で第3四分位数が60点なので，40点以上60点未満の
　　　　生徒はほぼ半数の人数がいるといえるので，正しい。

　　ⓔ　国語の第1四分位数が65点なので60点以上の生徒が75%以上である。
　　　　また，数学は中央値がほぼ60点であることから，60点以上の生徒は多くても
　　　　50%で，英語は第3四分位数がほぼ60点であることから，60点以上の生徒は多
　　　　くても25%である。したがって，60点以上の生徒は国語が最も多いので，正しい。

▶解答　ⓐ，ⓒ，ⓔ

3　1から40までの整数がかかれたカードが1枚ずつあります。
　　このカードを裏返してよく混ぜ，そこから1枚を選ぶとき，次の確率を求めなさい。

　(1)　30以上の数がかかれたカードを選ぶ確率

　(2)　3の倍数または7の倍数がかかれたカードを選ぶ確率

　(3)　6の倍数ではない数がかかれたカードを選ぶ確率

考え方　すべての選び方は40通りである。例えば，3の倍数のカードは，$40 \div 3 = 13$ あまり1よ
　　り，13枚

　(1)　1から40までの整数で30以上の数のカードは，$40 - 30 + 1 = 11$（枚）

　(2)　3の倍数のカードは，13枚
　　　　7の倍数のカードは，5枚
　　　　21の倍数のカードは，1枚
　　　　したがって，3の倍数または7の倍数のカードは，$13 + 5 - 1 = 17$（枚）

　(3)　6の倍数のカードは，6枚
　　　　したがって，6の倍数ではないカードは，$40 - 6 = 34$（枚）

▶解答　(1) $\dfrac{11}{40}$　　　　(2) $\dfrac{17}{40}$　　　　(3) $\dfrac{34}{40} = \dfrac{17}{20}$

4　箱の中に，赤玉2個と白玉3個がはいっています。次の確率を求めなさい。

　(1)　1個目の玉を取り出し，続けて2個目の玉を取り出すとき，1個目が赤玉，2個目
　　　　が白玉である確率

　(2)　箱から同時に2個の玉を取り出すとき，2個とも白玉である確率

　(3)　箱から1個の玉を取り出し，その玉を箱にもどしてよく混ぜ，あらためて1個の玉
　　　　を取り出すとき，2回とも赤玉である確率

考え方　赤玉にⒶ，Ⓑ，白玉にⓐ，ⓑ，ⓒなどの名前をつけ，区別して樹形図に表す。

　(2)　（Ⓐ，Ⓑ）を取ることと，（Ⓑ，Ⓐ）を取ることは同じである。

　(3)　2回とも同じ球を取り出すこともある。

▶解答　(1)　下の樹形図より，2個の玉の取り出し方は，全部で20通りで，どれが
　　　　起こることも同様に確からしい。

　　　　このうち，1個目が赤玉，2個目が白玉であるのは，印を付けた6通り。

　　　　求める確率は $\dfrac{6}{20} = \dfrac{3}{10}$

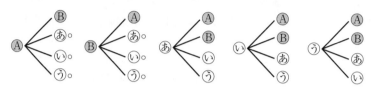

(2)　下の樹形図より，2個の玉の取り出し方は，全部で10通りで，どれが起こる
　　　ことも同様に確からしい。

　　　このうち，2個とも白玉であるのは，印を付けた3通り。

　　　求める確率は $\dfrac{3}{10}$

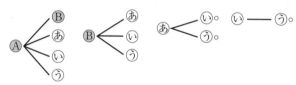

(3)　下の樹形図より，2個の玉の取り出し方は，全部で25通りで，どれが起こる
　　　ことも同様に確からしい。

　　　このうち，2回とも赤玉であるのは，印を付けた4通り。

　　　求める確率は $\dfrac{4}{25}$

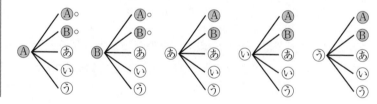

とりくんでみよう

1　次の(1)～(3)のヒストグラムと対応する箱ひげ図が，下の
⑦～⑨の中に1つずつあります。
それぞれのヒストグラムに対応する箱ひげ図を選びなさい。

(1)
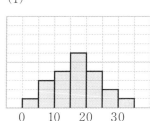

(2)
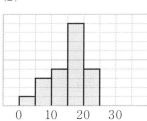

(3)
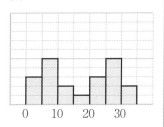

⑦
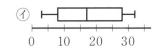

⑨
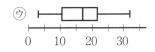

⑦
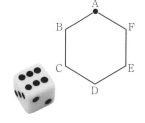

考え方　(1)　左右対称なので⑦または⑨だが，中央部分にデータが集中しているので箱が
小さい⑨となる。
(2)　データの分布が左側にかたよっているので⑦
(3)　左右対称だが，データが全体にちらばっているので，⑨よりも箱の大きい⑦

▶解答　(1)　⑨　　　　　　(2)　⑦　　　　　　(3)　⑦

2　1つのさいころを投げるとき，どの目が出ることも同様に確からしいとします。
はじめに正六角形ABCDEFの頂点Aにコマを置き，
1つのさいころを1回投げて，出た目の数だけ
A→B→C…と左まわりにコマを進めます。
1つのさいころを2回投げたとき，次の確率を求めなさい。
(1)　コマがA以外の位置にある確率
(2)　コマがEの位置にある確率

▶解答　(1)　1つのさいころを2回投げるときの目の出方は全部で36通りで，どれが起こる
ことも同様に確からしい。
2回投げてコマがAの位置にあるのは，目の数の和が6または12の場合だから，
(1，5)，(2，4)，(3，3)，(4，2)，(5，1)，(6，6)の6通り。

コマがAの位置にある確率は $\dfrac{6}{36} = \dfrac{1}{6}$

したがって，$1 - \dfrac{1}{6} = \dfrac{\mathbf{5}}{\mathbf{6}}$

(2)　2回投げてコマがEの位置にあるのは，目の数の和が4または10の場合だから，

(1, 3)，(2, 2)，(3, 1)，(4, 6)，(5, 5)，(6, 4)の6通り。

求める確率は$\dfrac{6}{36}=\dfrac{1}{6}$

3　右の図のような4枚のカードがあります。

この4枚から2枚を選ぶとき，マークの組み合わせは，

○と○，○と△のどちらかになります。

4枚のカードを裏返してよく混ぜ，そこから2枚を選ぶとき，

マークの組み合わせの出やすさについて正しく説明しているものが，

次の㋐～㋓の中に1つだけあります。

正しいものを選び，それが正しい理由を確率を使って説明しなさい。

㋐　○と△の組み合わせより，○と○の組み合わせの方が出やすい。

㋑　○と○の組み合わせより，○と△の組み合わせの方が出やすい。

㋒　○と○の組み合わせと○と△の組み合わせの出やすさは等しい。

㋓　○と○の組み合わせと○と△の組み合わせのどちらが出やすいかは
わからない。

▶解答　㋒

（理由）　**3枚の○のカードを①，②，③とする。**

2枚のカードの選び方は，上の樹形図から，全部で6通りで，どれが起こることも同様に確からしい。

このうち，○と○の組み合わせは3通り。○と△の組み合わせは3通り。

したがって，どちらの組み合わせの場合も，確率は$\dfrac{3}{6}=\dfrac{1}{2}$となり，○と○の組み合わせと○と△の組み合わせの出やすさは等しい。

数学研究室 ── 連続する10個の整数の和

1 次の(1)～(3)は，いずれも連続する10個の整数の和を求める計算です。それぞれ答えを求めましょう。また，連続する10個の整数の和について，何かきまりなどがないか考えましょう。

(1)　$1+2+3+4+5+6+7+8+9+10=$

(2)　$3+4+5+6+7+8+9+10+11+12=$

(3)　$6+7+8+9+10+11+12+13+14+15=$

▶解答　(1) **55**　　(2) **75**　　(3) **105**

（きまり）（例）　**5の倍数になる。**

　　　　　　　　最初の数と最後の数の和の5倍になる。

2 下に示した彩さんのノート（教科書P.196）から，彩さんの考えを読み取りましょう。また，彩さんと同じ方法で **1** の(2)，(3)の計算をして，その答えが正しいか確かめましょう。

▶解答　（彩さんの考え）　**最初の数と最後の数の和が11で，同じように和が11になる組み合わせを5個つくり，11×5で計算することで，1つずつ足すよりも簡単に求めている。**

(2)　$(3+12)\times5=75$

(3)　$(6+15)\times5=105$

3 連続する10個の整数の和について，ほかに，どんなことがいえますか。いろいろ考えてみましょう。また，気づいたことがあれば，文字式や図を使うなどして，自分の考えを説明しましょう。

▶解答　（例）　**最初の数をnとすると，$n\times10+45$と表すことができる。**

数学研究室 ── さっさ立て

1 上（教科書P.198）のやり方で，声の回数が12回だったとすると，Aの箱とBの箱にはいっている碁石は，それぞれ何個か求めましょう。

▶解答　Aの箱に入れた回数をx回，Bの箱に入れた回数をy回とすると

回数については　　$x+y=12$　　……①

個数については　　$2x+3y=30$　　……②

①，②を連立方程式として解くと，$\begin{cases}x=6\\y=6\end{cases}$

Aの箱に入れた回数を6回，Bの箱に入れた回数を6回とすると，問題にあう。

したがって，Aの箱は$2\times6=12$(個)，Bの箱は$3\times6=18$(個)

答　**Aの箱…12個，Bの箱…18個**

2　さまざまな数学遊戯を集めて解説している和算書『勘者御伽双紙』では，次のような解き方をしています。

> 声の回数を3倍した数から最初の碁石の数をひき，
> その差を2倍すると，Aの箱の碁石の数になる。

この方法でAの箱の碁石の数が求められる理由を考えましょう。

▶解答　**Aの箱に入れた回数を x 回，Bの箱に入れた回数を y 回とすると**
声の回数は　$(x+y)$ 回
最初の碁石の数は　$(2x+3y)$ 個
声の回数を3倍した数から最初の碁石の数をひき，その差を2倍すると
$$\{(x+y)\times3-(2x+3y)\}\times2=x\times2=2x$$
$2x$ は，Aの箱に入れた碁石の数を表している。
したがって，声の回数を3倍した数から最初の碁石の数をひき，その差を2倍すると，
Aの箱の碁石の数になる。

数学研究室 ― 食塩水の濃度

1　2つの方程式①，②を連立方程式として解き，7%の食塩水と15%の食塩水をそれぞれ何g混ぜればよいか求めましょう。

▶解答　①×7　　　　　　$7x+\ 7y=2800$
②×100　　−)　$7x+15y=4000$
　　　　　　　　　　$-8y=-1200$
　　　　　　　　　　　$y=150$
$y=150$ を①に代入して　$x=250$
7%の食塩水を250g，15%の食塩水を150gとすると，問題にあう。
　　　　　　　　　　　　答　**7%の食塩水250g，15%の食塩水150g**

2　濃度が6%の食塩水と11%の食塩水を混ぜて，8%の食塩水を500gつくるには，6%の食塩水と11%の食塩水をそれぞれ何g混ぜればよいか求めましょう。

▶解答　(1)　6%の食塩水を x g，11%の食塩水を y g混ぜるとして，数量の関係を表に整理すると，下のようになる。

	6%の食塩水	11%の食塩水	8%の食塩水
食塩水(g)	x	y	500
食塩　(g)	$\dfrac{6}{100}x$	$\dfrac{11}{100}y$	$500\times\dfrac{8}{100}$

前ページの表から，食塩水の重さについては　$x+y=500$　　　　……①

食塩の重さについては　$\dfrac{6}{100}x+\dfrac{11}{100}y=500\times\dfrac{8}{100}$　……②

①×6　　　　　$6x+\ 6y=3000$

②×100　　$-)\ \ 6x+11y=4000$

　　　　　　　　　　　$-5y=-1000$

　　　　　　　　　　　　　$y=200$

$y=200$ を①に代入して　$x=300$

6%の食塩水を300g，11%の食塩水を200gとすると，問題にあう。

答　**6%の食塩水300g，11%の食塩水200g**

🧪 数学研究室 ― ダイヤグラム

1　上のダイヤグラム（教科書P.200）によると，みずほ616号は，何時何分ごろにどの駅でつばめ334号を追いこしますか。

▶解答　**17時47分ごろに新鳥栖駅で追いこす。**

2　上のダイヤグラムによると，みずほ616号とさくら415号は，どの駅とどの駅の間ですれちがいますか。

▶解答　**筑後船小屋駅と新大牟田駅の間**

🧪 数学研究室 ― 条件を変えて考えよう

1　右の図㋐のように，線分AB上に点Cをとり，AC，BCをそれぞれ1辺とする正三角形PAC，QCBを，線分ABについて同じ側につくります。このとき，AQ＝PBであることを証明しましょう。

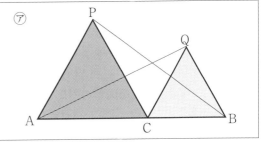

▶解答　[証明]　△ACQと△PCBにおいて

　　　　△PACと△QCBは正三角形だから

　　　　　　　　$AC=PC$　……①

　　　　　　　　$CQ=CB$　……②

　　　　　　　　$\angle PCA=\angle QCB=60°$　　　……③

　　　③より，$\angle ACQ=\angle PCA+\angle PCQ$

　　　　　　　　　　$=60°+\angle PCQ$　　　……④

　　　　　　$\angle PCB=\angle QCB+\angle PCQ$

　　　　　　　　　　$=60°+\angle PCQ$　　　……⑤

④，⑤より，∠ACQ＝∠PCB　　……⑥

①，②，⑥より，**2組の辺とその間の角がそれぞれ等しいので**

$$△ACQ≡△PCB$$

合同な図形の対応する辺の長さは等しいので

$$AQ＝PB$$

2　図⑦の正三角形QCBを，点Cを中心として，次の図⑦，　⑦の位置まで回転移動したとき，AQ＝PBとなることを，それぞれ証明しましょう。

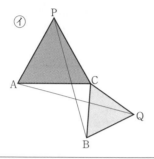

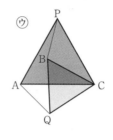

▶解答　⑦

[証明]　△ACQと△PCBにおいて

△PACと△QCBは正三角形だから

$$AC＝PC　　　　　　……①$$

$$CQ＝CB　　　　　　……②$$

$$∠PCA＝∠QCB＝60°　　……③$$

③より，∠ACQ＝∠QCB＋∠ACB

$$＝60°＋∠ACB　　……④$$

∠PCB＝∠PCA＋∠ACB

$$＝60°＋∠ACB　　……⑤$$

④，⑤より，∠ACQ＝∠PCB　　……⑥

①，②，⑥より，**2組の辺とその間の角がそれぞれ等しいので**

$$△ACQ≡△PCB$$

合同な図形の対応する辺の長さは等しいので

$$AQ＝PB$$

⑦

[証明]　△ACQと△PCBにおいて

△PACと△QCBは正三角形だから

$$AC＝PC　　　　　　……①$$

$$CQ＝CB　　　　　　……②$$

$$∠PCA＝∠QCB＝60°　　……③$$

③より，∠ACQ＝∠QCB－∠ACB

$$＝60°－∠ACB　　……④$$

∠PCB＝∠PCA－∠ACB

$$＝60°－∠ACB　　……⑤$$

④, ⑤より, ∠ACQ＝∠PCB　　……⑥

①, ②, ⑥より, 2組の辺とその間の角がそれぞれ等しいので

△ACQ≡△PCB

合同な図形の対応する辺の長さは等しいので

AQ＝PB

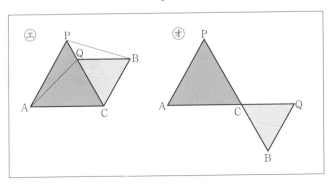

㋔

[証明]　△ACQと△PCBにおいて

△PACと△QCBは正三角形だから

AC＝PC　　　……①

CQ＝CB　　　……②

∠PCA＝∠QCB＝60°　……③

③より, ∠ACQ＝∠PCB　　　……④

①, ②, ④より, 2組の辺とその間の角がそれぞれ等しいので

△ACQ≡△PCB

合同な図形の対応する辺の長さは等しいので

AQ＝PB

㋕

[証明]　△PACと△QCBは正三角形だから

AC＝PC　　　……①

CQ＝CB　　　……②

①, ②より, AC＋CQ＝PC＋CB

よって,　　　AQ＝PB

🧪 数学研究室 ― 点字のしくみ

1　6つの点を使うと, 最大で何文字を表せますか。

▶解答　6つの点の位置の, 突起の有無の組み合わせは全部で64通り。

このうち, 6つとも突起がない場合を除くので, 全部で63通り。　　　答　**63文字**

2　下の図(図は教科書P.203)は点字でかなを表したものです。どんなしくみで表している
　かを読み取って，未完成の「た行」，「な行」，「ま行」，「ら行」を完成しましょう。

▶解答

た	ち	つ	て	と		な	に	ぬ	ね	の
●○	●○	●●	●●	○●		●○	●○	●●	●●	○●
○●	●●	○●	●●	●●		○○	●○	○○	●○	●○
●○	●○	○●	○●	○●		●○	●○	○●	○●	○●

ま	み	む	め	も		ら	り	る	れ	ろ
●○	●○	●●	●●	○●		●○	●○	●●	●●	○●
○●	●●	○●	●●	●●		○●	●●	○●	●●	●●
●●	●●	●●	●●	●●		○○	●○	○○	●○	●○

1年の復習

[正の数と負の数]

1　次の計算をしなさい。

(1) $(+4)+(+7)$

(2) $(-8)+(-8)$

(3) $(-14)+(+9)$

(4) $0-(+9)$

(5) $(+2)-(-6)$

(6) $-1+5-11$

(7) $3-(+3)-(-2)$

(8) $-5.7+2.2$

(9) $\dfrac{1}{2}-\dfrac{4}{3}$

(10) $(+3)\times(-7)$

(11) $(-36)\div(-6)$

(12) $12\div(-\dfrac{4}{3})$

(13) $5\times(-2)\times4$

(14) $(-4)^3$

(15) $-2^2\times8$

(16) $20\div(-10)\times6$

(17) $10-1\times(-3)$

(18) $(-3)^2\times(6-2)$

▶解答

(1) $(+4)+(+7)$
　$=4+7$
　$=\mathbf{11}$

(2) $(-8)+(-8)$
　$=-8-8$
　$=\mathbf{-16}$

(3) $(-14)+(+9)$
　$=-14+9$
　$=\mathbf{-5}$

(4) $0-(+9)$
　$=0-9$
　$=\mathbf{-9}$

(5) $(+2)-(-6)$
　$=2+6$
　$=\mathbf{8}$

(6) $-1+5-11$
　$=\mathbf{-7}$

(7) $3-(+3)-(-2)$
　$=3-3+2$
　$=\mathbf{2}$

(8) $-5.7+2.2$
　$=\mathbf{-3.5}$

(9) $\dfrac{1}{2}-\dfrac{4}{3}$
　$=\dfrac{3}{6}-\dfrac{8}{6}$
　$=\mathbf{-\dfrac{5}{6}}$

(10) $(+3)\times(-7)$
　$=\mathbf{-21}$

(11) $(-36)\div(-6)$
　$=\mathbf{6}$

(12) $12\div(-\dfrac{4}{3})$
　$=12\times(-\dfrac{3}{4})$
　$=\mathbf{-9}$

(13) $5\times(-2)\times4$
　$=\mathbf{-40}$

(14) $(-4)^3$
　$=(-4)\times(-4)\times(-4)$
　$=\mathbf{-64}$

(15) $-2^2\times8$
　$=-4\times8$
　$=\mathbf{-32}$

(16)　$20 \div (-10) \times 6$
　　$= -12$

(17)　$10 - 1 \times (-3)$
　　$= 10 + 3$
　　$= 13$

(18)　$(-3)^2 \times (6-2)$
　　$= 9 \times 4$
　　$= 36$

2　次の数について，下の問いに答えなさい。

$$-4 \qquad -\frac{9}{2} \qquad 0 \qquad 2.9 \qquad -4.6$$

(1)　小さい方から順に並べなさい。

(2)　絶対値が最も大きい数を選びなさい。

考え方　(1)　分数を小数になおす。$-\dfrac{9}{2} = -9 \div 2 = -4.5$

　　　　(2)　絶対値は数直線上の0からの距離

▶解答　(1)　$-4.6,\ -\dfrac{9}{2},\ -4,\ 0,\ 2.9$　　　　(2)　-4.6

3　次の自然数を素因数分解しなさい。

(1)　30　　　　(2)　48　　　　(3)　75

考え方　素数でわっていき，その数を素数の積で表す。

▶解答　(1)　$2 \times 3 \times 5$　　(2)　$2^4 \times 3$　　(3)　3×5^2

4　次の表は，今週の月曜日から金曜日までに，ある店で売れたあんぱんの個数について，月曜日を基準とし，それより多い場合を正の数，少ない場合を負の数で表したものです。下の問いに答えなさい。

曜日	月曜日	火曜日	水曜日	木曜日	金曜日
基準との差（個）	0	-10	$+3$	$+6$	-4

(1)　この5日間で，売れたあんぱんの個数が最も多かった日と最も少なかった日の差は何個ですか。

(2)　月曜日に売れたあんぱんは51個でした。この5日間で売れたあんぱんの個数は全部で何個ですか。

▶解答　(1)　最も多かった日は木曜日で$+6$個，最も少なかった日は火曜日で-10個
　　　　したがって，差は　$6 - (-10) = 16$　　　　　　　　　　　　　　答　**16個**

　　　　(2)　$51 \times 5 + (-10) + (+3) + (+6) + (-4) = 250$　　　　　　　答　**250個**

［文字と式］

5　次の数量を式で表しなさい。

(1)　1個x円の品物5個と，1個y円の品物1個を買ったときの代金

(2)　駅から500m離れた家に向かって分速amで歩くとき，駅を出発してから3分後の残りの道のり

(3)　m分n秒を秒の単位で表したもの

▶解答　(1)　$(5x+y)$円　　　　　(2)　$(500-3a)$m　　　　　(3)　$(60m+n)$秒

6　縦が$a$cm，横が$b$cm，高さが$c$cmである
直方体について，次の問いに答えなさい。

(1)　この直方体のすべての辺の長さの和を，
式で表しなさい。

(2)　この直方体で，$2ab+2bc+2ac$ は何を
表していますか。また，この式の単位を
答えなさい。

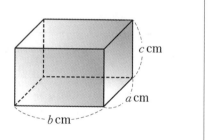

c cm
a cm
b cm

▶解答　(1)　$(4a+4b+4c)$cm　(2)　**表面積，cm^2**

7　$a=3$，$b=-2$ のとき，次の式の値（あたい）を求めなさい。

(1)　$7a-5b$　　　　　　　　　　(2)　a^2-b^2

▶解答　(1)　$7a-5b$　　　　　　　　(2)　a^2-b^2

$=7\times3-5\times(-2)$　　　　　　$=3^2-(-2)^2$

$=21+10$　　　　　　　　　　$=9-4$

$=\mathbf{31}$　　　　　　　　　　　$=\mathbf{5}$

8　次の計算をしなさい。

(1)　$(x+2)+(5x-4)$　　　　　　(2)　$(3a-9)-(a+8)$

(3)　$4x\times9$　　　　　　　　　　(4)　$12x\div(-6)$

(5)　$\dfrac{1}{8}(8x+24)$　　　　　　　(6)　$3(a+5)-4(2a-4)$

(7)　$(27a-6)\div3$　　　　　　　(8)　$\dfrac{-20x+15}{5}$

▶解答　(1)　$(x+2)+(5x-4)$　　　　(2)　$(3a-9)-(a+8)$

$=x+2+5x-4$　　　　　　　$=3a-9-a-8$

$=\mathbf{6x-2}$　　　　　　　　　　$=\mathbf{2a-17}$

(3)　$4x\times9$　　　　　　　　　　(4)　$12x\div(-6)$

$=\mathbf{36x}$　　　　　　　　　　$=\mathbf{-2x}$

(5)　$\dfrac{1}{8}(8x+24)$　　　　　　　(6)　$3(a+5)-4(2a-4)$

$=\dfrac{1}{8}\times8x+\dfrac{1}{8}\times24$　　　　$=3a+15-8a+16$

$=\mathbf{x+3}$　　　　　　　　　　$=\mathbf{-5a+31}$

(7)　$(27a-6)\div3$　　　　　　　(8)　$\dfrac{-20x+15}{5}$

$=\dfrac{27a}{3}-\dfrac{6}{3}$　　　　　　　$=-\dfrac{20x}{5}+\dfrac{15}{5}$

$=\mathbf{9a-2}$　　　　　　　　　　$=\mathbf{-4x+3}$

9 次の数量の間の関係を，等式や不等式で表しなさい。

(1) x 個のあめを，6個ずつ y 人に配ろうとしたところ，8個たりなかった。

(2) 3000円持って買い物に行ったところ，持っていたお金で，a 円の洋服を1着と b 円の靴下を3足買えた。

▶解答 (1) $x = 6y - 8$ など　　　　(2) $3000 \geqq a + 3b$ など

[方程式]

10 次の方程式を解きなさい。

(1) $5x = 3x - 18$

(2) $4x - 3 = x + 6$

(3) $2x - 2 = 6x + 14$

(4) $-x - 2 = 5x - 8$

(5) $2(x - 1) = x + 3$

(6) $0.8x - 4 = 1.5x + 0.2$

(7) $\dfrac{1}{2}x - 2 = \dfrac{2}{3}x$

(8) $\dfrac{x + 11}{4} = \dfrac{x + 1}{5} + 3$

▶解答
(1) $\quad 5x = 3x - 18$
$5x - 3x = -18$
$2x = -18$
$\boldsymbol{x = -9}$

(2) $\quad 4x - 3 = x + 6$
$4x - x = 6 + 3$
$3x = 9$
$\boldsymbol{x = 3}$

(3) $\quad 2x - 2 = 6x + 14$
$2x - 6x = 14 + 2$
$-4x = 16$
$\boldsymbol{x = -4}$

(4) $\quad -x - 2 = 5x - 8$
$-x - 5x = -8 + 2$
$-6x = -6$
$\boldsymbol{x = 1}$

(5) $\quad 2(x - 1) = x + 3$
$2x - 2 = x + 3$
$2x - x = 3 + 2$
$\boldsymbol{x = 5}$

(6) $\quad 0.8x - 4 = 1.5x + 0.2$
両辺に10をかけて
$8x - 40 = 15x + 2$
$8x - 15x = 2 + 40$
$-7x = 42$
$\boldsymbol{x = -6}$

(7) $\quad \dfrac{1}{2}x - 2 = \dfrac{2}{3}x$
両辺に6をかけて
$3x - 12 = 4x$
$3x - 4x = 12$
$-x = 12$
$\boldsymbol{x = -12}$

(8) $\quad \dfrac{x + 11}{4} = \dfrac{x + 1}{5} + 3$
両辺に20をかけて
$5(x + 11) = 4(x + 1) + 60$
$5x + 55 = 4x + 4 + 60$
$5x - 4x = 64 - 55$
$\boldsymbol{x = 9}$

11 次の比例式が成り立つとき，x の値を求めなさい。

(1) $x : 8 = 12 : 16$

(2) $2 : 6 = (x + 1) : 9$

考え方 $a:b=c:d$ のとき $ad=bc$ である。

▶解答 (1) $x:8=12:16$　　　　　　　　　　(2) $2:6=(x+1):9$

$16x=96$　　　　　　　　　　　　$6(x+1)=18$

$\boldsymbol{x=6}$　　　　　　　　　　　　　　$6x+6=18$

　　　　　　　　　　　　　　　　　　　　$6x=12$

　　　　　　　　　　　　　　　　　　　$\boldsymbol{x=2}$

---

12 xについての方程式$ax-1=2x+a$の解が4であるとき，aの値を求めなさい。

▶解答 $ax-1=2x+a$に$x=4$を代入すると

$4a-1=8+a$

$4a-a=8+1$

$3a=9$

$\boldsymbol{a=3}$

---

13 つめかえ用の石けんが，容器にはいった石けんより100円安く売られています。
容器にはいった石けん1つと，つめかえ用3つを買ったところ，その代金が1300円でした。それぞれの石けん1つの値段を求めなさい。

▶解答 つめかえ用の石けん1つの値段をx円とすると
容器にはいった石けん1つの値段は　$(x+100)$円

$(x+100)+3x=1300$

$4x=1200$

$x=300$

容器にはいった石けん1つの値段は　$300+100=400$
つめかえ用の石けん1つの値段を300円，容器にはいった石けん1つの値段を400円とすると，問題にあう。

答　**つめかえ用の石けん1つ300円，容器にはいった石けん1つ400円**

---

14 持っているお金では，オレンジを5個買うのに100円たりません。また，そのオレンジを3個買うと140円余ります。オレンジ1個の値段と持っている金額を求めなさい。

▶解答 オレンジ1個の値段をx円とすると

$5x-100=3x+140$

$2x=240$

$x=120$

持っている金額は　$5\times120-100=500$（円）
オレンジ1個の値段を120円，持っている金額を500円とすると，問題にあう。

答　**オレンジ1個120円，持っている金額500円**

---

15 A町からB町まで行くのに，時速4kmで歩くと，時速12kmの自転車で行くより
2時間多くかかります。A町からB町までの道のりを求めなさい。

▶解答　A町からB町までの道のりを$x$kmとすると

$$\frac{x}{4} = \frac{x}{12} + 2$$
$$3x = x + 24$$
$$2x = 24$$
$$x = 12$$

A町からB町までの道のりを12kmとすると，問題にあう。　　　答　**12km**

▶別解　自転車でかかる時間をx時間とすると

$$12x = 4(x + 2)$$
$$8x = 8$$
$$x = 1$$

A町からB町までの道のりは　$12 \times 1 = 12$(km)　これは問題にあう。　　　答　**12km**

［比例と反比例］

16　㋐～㋓の中から，(1)，(2)にあてはまるものをすべて選びなさい。

　　㋐　1辺が$x$cmの正方形の周の長さ$y$cm

　　㋑　1個180円のキャベツをx個買ったときの代金y円

　　㋒　800mの道のりをxm進んだときの残りの道のりym

　　㋓　面積が30cm²の長方形の縦の長さ$x$cmと横の長さ$y$cm

(1)　yがxに比例するもの　　　　　　(2)　yがxに反比例するもの

考え方　$y = ax$の式で表されるものが比例，$y = \dfrac{a}{x}$の式で表されるものが反比例である。

▶解答　yをxの式でそれぞれ表すと

㋐…$y = 4x$　㋑…$y = 180x$　㋒…$y = 800 - x$　㋓…$y = \dfrac{30}{x}$　　となる。

(1)　$y = ax$の式で表されるものは，**㋐**，**㋑**

(2)　$y = \dfrac{a}{x}$の式で表されるものは，**㋓**

17　次の表(表は解答欄)は，yがxに比例する関係を表したものです。下の問いに答えなさい。

(1)　上の表の□にあてはまる数をかき入れなさい。

(2)　yをxの式で表しなさい。

▶解答　(1)

x	…	-2	-1	0	1	2	3	…
y	…	-10	-5	0	**5**	10	15	…

(2)　(1)の表より，**$y = 5x$**

18　次の表(表は解答欄)は，y が x に反比例する関係を表したものです。下の問いに答えなさい。

(1) 上の表の□にあてはまる数をかき入れなさい。

(2) y を x の式で表しなさい。

▶解答　(1)

x	$\cdots$	-2	-1	0	1	2	3	$\cdots$
y	$\cdots$	30	60	$\times$	-60	-30	$\boxed{-20}$	$\cdots$

(2) (1)の表より，$y = -\dfrac{60}{x}$

19　次の関数のグラフを，右の図にかきなさい。

(1) $y = -2x$　　　(2) $y = -\dfrac{4}{x}$

考え方　(1) 原点Oと，点$(1, -2)$を通る直線である。

▶解答　(2) 点$(1, -4)$を通る双曲線である。
右のグラフ

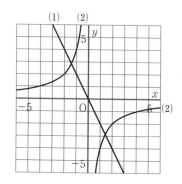

[平面図形]

20　右の図の△ABCを(1)〜(3)のように移動した図をかきなさい。

(1) 点Bが点Pへ移るように平行移動した図

(2) 点Oを回転の中心として180°回転移動した図

(3) 直線 ℓ を対称の軸として対称移動した図

▶解答　右の図

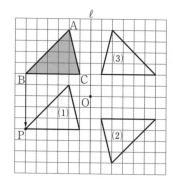

21　左(右)の円O，O′は合同です。
1回の対称移動で円Oを円O′に重ね合わせるときの対称の軸を作図しなさい。

▶解答　右の図

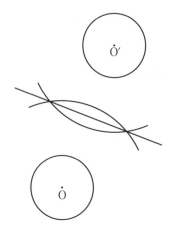

[空間図形]

22 右の図の直方体について，次の(1)〜(4)にあてはまる
ものをすべて答えなさい。
(1) 辺ABと平行な面
(2) 辺BFとねじれの位置にある辺
(3) 辺ADに垂直な面
(4) 面AEFBに垂直な面

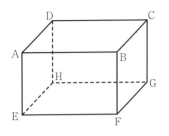

考え方 空間において，平行でなくても交わらない2直線を，ねじれの位置という。

▶解答 (1) **面DHGC，面EFGH**　　(2) **辺DC，辺HG，辺AD，辺EH**
(3) **面AEFB，面DHGC**　　(4) **面AEHD，面EFGH，面BFGC，面ABCD**

23 右の図は，立方体の展開図です。これを組み立てて
できる立方体で，㋐の面と平行になるのはどの面で
すか。

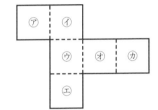

▶解答 **㋒**

24 次の立体の表面積と体積を求めなさい。
(1) 底面の半径が5cmで，高さが4cmの円柱
(2) 半径が3cmの球

考え方 (2) 半径 r の球の表面積を S，体積を V とすると，$S = 4\pi r^2$，$V = \dfrac{4}{3}\pi r^3$

▶解答 (1) 表面積　$5^2\pi \times 2 + 2\pi \times 5 \times 4 = 50\pi + 40\pi = 90\pi$
　　　　体積　　$5^2\pi \times 4 = 100\pi$

答　**表面積 90π cm², 体積 100π cm³**

(2) 表面積　$4\pi \times 3^2 = 36\pi$
　　体積　　$\dfrac{4}{3}\pi \times 3^3 = 36\pi$

答　**表面積 36π cm², 体積 36π cm³**

25 右の図は，底面の1辺の長さが a cmで，高さが5cmの正四角
柱です。底面積が a^2 cm²で，体積が右の正四角柱と等しい正
四角錐があるとき，その正四角錐の高さを求めなさい。

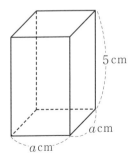

考え方 角錐の底面積を S，高さを h，体積を V とすると，$V = \dfrac{1}{3}Sh$

▶解答 右の図の正四角柱の体積は　$a \times a \times 5 = 5a^2$ (cm³)
正四角錐の高さを h とすると，体積は
$$\dfrac{1}{3} \times a^2 \times h = \dfrac{1}{3}a^2 h$$
この2つの体積が等しいから
$$\dfrac{1}{3}a^2 h = 5a^2$$
$$h = 15$$

答　**15cm**

[データの活用]

<table>
<tr><td>26</td><td>右の図は，ある中学校の2年生40人について，前日
に新聞を読んだ時間を調べてかいたヒストグラムで
す。このヒストグラムから，例えば，前日に新聞を
読んだ時間が30分以上40分未満だった生徒が8人
いたことがわかります。次の問いに答えなさい。
(1) 階級の幅は何分ですか。
(2) 右上の図から最頻値を求めなさい。
(3) 右上の図から平均値を求めなさい。
(4) 40分以上50分未満の階級の相対度数を求めなさい。
(5) 10分以上20分未満の階級までの累積度数と
　　累積相対度数をそれぞれ求めなさい。
(6) このデータの中央値は，どの階級にふくまれますか。</td><td>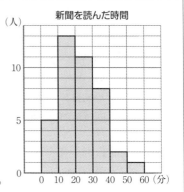</td></tr>
</table>

考え方 (2) 度数が最も大きい階級の階級値が最頻値である。また，階級の真ん中の値が階級値である。

(3) $(平均値)=\dfrac{(データの個々の値の合計)}{(データの個数)}$

(4) $(相対度数)=\dfrac{(その階級の度数)}{(度数の合計)}$

(5) 最も小さい階級から各階級までの，度数の合計を累積度数といい，相対度数の合計を累積相対度数という。

(6) データを小さい順に並べたとき，中央にくる値が中央値である。

▶解答 (1) **10分**

(2) 10分以上20分未満の階級の階級値だから，**15分**

(3) $\dfrac{5\times5+15\times13+25\times11+35\times8+45\times2+55}{40}=\dfrac{920}{40}=23$　　　　　答　**23分**

(4) 新聞を読んだ時間が40分以上50分未満の生徒の人数は2人だから，

$\dfrac{2}{40}=0.05$　　　　　答　**0.05**

(5) 累積度数は，5 + 13＝**18**（人）

0分以上10分未満の階級の相対度数は，$\dfrac{5}{40}=0.125$

10分以上20分未満の階級の相対度数は，$\dfrac{13}{40}=0.325$

累積相対度数は，0.125 + 0.325＝**0.45**

(6) 小さい方から20番目と21番目が中央値になるから，**20分以上30分未満の階級。**

活用の問題

1 絵美さんは，連続する3つの奇数の和がどんな数に
なるかを考えています。次の問いに答えなさい。

1 + 3 + 5	=	9
7 + 9 + 11	=	27
13 + 15 + 17	=	45

(1) 絵美さんは，右に示した3つの例から，
次の⑦のことを予想しました。

連続する3つの奇数の和は，9の倍数になる。……⑦

しかし，この予想は正しくありません。

⑦が正しくないことを説明するために，⑦が成り立たない例を1つあげなさい。

(2) 絵美さんは，さらにいろいろな連続する3つの奇数の和を求め，あらためて次の
⑦のことを予想しました。

連続する3つの奇数の和は，3の倍数になる。……⑦

⑦の予想が正しいことの説明を，絵美さんは，次のようにかき出しました。

[絵美さんのノート]

> nを整数とすると，連続する3つの奇数は，
> $2n-1$，$2n+1$，$2n+3$と表される。

絵美さんの考え方で，⑦の予想が正しいことを説明しなさい。

(3) 連続する3つの奇数を，連続する4つの奇数に変えたとき，その和は，どんな数に
なるかを調べなさい。その結果から，連続する4つの奇数の和は，どんな数に
なると予想できますか。上の⑦，⑦のかき方のように「～は，……になる。」と
いう形で答えなさい。

▶解答 (1) （例） $11+13+15=39$

(2) **nを整数とすると，連続する3つの奇数は，$2n-1$，$2n+1$，$2n+3$と表される。**
連続する3つの奇数の和は
$$(2n-1)+(2n+1)+(2n+3)$$
$$=6n+3$$
$$=3(2n+1)$$
$2n+1$は整数だから，$3(2n+1)$は3の倍数である。
したがって，連続する3つの奇数の和は，3の倍数になる。

(3) nを整数とすると，連続する4つの奇数は，$2n-3$，$2n-1$，$2n+1$，$2n+3$
と表される。
連続する4つの奇数の和は
$$(2n-3)+(2n-1)+(2n+1)+(2n+3)$$
$$=8n$$
nは整数だから，$8n$は8の倍数である。
したがって，**連続する4つの奇数の和は，8の倍数になる。**

| 2 | 内のりの縦と高さが60cm，横が80cmの直
方体の水そうがあります。
この水そうの底に，縦が60cm，横が40cm，
高さが30cmの直方体の段が右の図のように
固定してあります。
この水そうに一定の割合で水を入れたところ，
水を入れ始めて1分後に，水面の高さが6cm
になりました。
水を入れ始めてからx分後の水面の高さを$y$cmとして，
次の問いに答えなさい。

(1) 水面の高さが30cmになるのは，水を入れ始めてから何分後ですか。

(2) xの増加量に対するyの増加量の割合を，変化の割合といいます。水を入れ始め
てから水面の高さが30cmになるまでの変化の割合は6です。この値は，どのよ
うな数量を表していますか。

(3) 水面の高さが30cmになってから満水になるまでの変化の割合を求めなさい。

(4) 水を入れ始めてから満水になる
までの，xとyの関係を表すグ
ラフとして正しいものを，右の
㋐～㋓の中から1つ選びなさ
い。
また，そのグラフが正しい理由
を，「傾き」ということばを使っ
て説明しなさい。

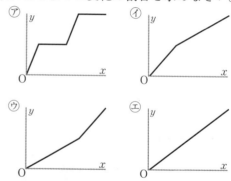

▶解答　(1) 水面の高さが30cmになるまでは，1分間に水面の高さは6cmずつ上がる。
　　　　　　したがって，水面の高さが30cmになるのは，30÷6＝5(分後)　　答　**5分後**

　　　　(2) 水を入れ始めてから水面の高さが30cmになるまでの**1分あたりに上がる水面の
　　　　　　高さ**

　　　　(3) 水面の高さが30cmを超えると，水そうの底面積は2倍になる。
　　　　　　したがって，水面の高さは半分ずつ上がっていく。　　　　　　　　答　**3**

　　　　(4) ㋑　(理由)　**水そうの形から，直線の傾きが変わるのは1度だけで，水面の高さが
　　　　　　　　　　　　　30cmの所を境に傾きは小さくなる。したがって，㋑のグラフが正しい。**

<u>3</u>　　リサイクルのために，学校でペットボトルのキャップを集めています。集めたキャップの個数を知りたいのですが，1個ずつ数えるのはたいへんです。そこで，全部の個数を数えずに，およその個数を見積もりたいと思います。キャップの回収箱が空のときの重さはわかっています。次の問いに答えなさい。

(1)　キャップ1個の重さがすべて等しいと考えれば，キャップのおよその個数を求めることができます。このとき，キャップの個数を x 個，x 個のキャップがはいった回収箱全体の重さを y g とすると，x と y の間には，どのような関係がありますか。次の㋐～㋓の中から正しいものを1つ選びなさい。

㋐　y は x に比例する。

㋑　y は x に反比例する。

㋒　y は x の1次関数である。

㋓　y は x の関数であるが，比例，反比例，1次関数のいずれでもない。

(2)　キャップ1個の重さがすべて等しいと考えて，集めたキャップのおよその個数を見積もるためには，

　　・回収箱が空のときの重さ

　　・キャップ1個の重さ

のほかに，何を調べて，どのような計算をすればよいですか。次の㋐～㋒の中から調べるものを1つ選びなさい。また，それを使ってキャップのおよその個数を見積もる方法を説明しなさい。

㋐　回収箱の容積

㋑　回収箱の高さ

㋒　集めたキャップがはいった回収箱全体の重さ

▶解答　(1)　$y=($ キャップ1個の重さ $)\times x+($ 空の回収箱の重さ $)$ だから，1次関数である。

　　　　　　　　　　　　　　　　　　　　　　　　　　　　　答　㋒

(2)　㋒　（方法）**キャップ全体の重さを知るためには，まず，集めたキャップがはいった回収箱全体の重さから，この箱が空である時の重さをひけば，求めることができる。また，キャップのおよその個数を見積もるためには，キャップ全体の重さをキャップ1個の重さでわれば，求めることができる。**

4 正樹さんは，次の問題を考えています。

[問題]

右の図のように，∠XOYの辺OXと
辺OYの上に，OA＝OBとなる点A，Bと，
OC＝ODとなる点C，Dを，
それぞれとります。
また，点Aと点D，点Bと点Cを
それぞれ線分で結びます。
このとき，AD＝BCとなることを証明しなさい。

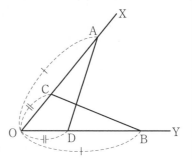

次の問いに答えなさい。

(1) 正樹さんは，次のように証明（証明は解答欄）をしましたが，すぐに，この証明に
はまちがいがあることに気づきました。
この証明のまちがっている部分に下線＿＿をひきなさい。また，正しい証明を
かきなさい。

(2) 上の問題について，正樹さんは，AD＝BC を証明する途中で△AOD≡△BOCを
示しました。△AOD≡△BOCをもとにすると，問題の図について，AD＝BC
以外に新しいことがわかります。それを，次の⑦～㋔の中から1つ選びなさい。

　⑦　OC＝CA　　　　　　　　　　　　㋑　OC＝OD

　㋒　∠OAD＝∠BOC　　　　　　　　　㋓　∠OAD＝∠OBC

▶解答　(1)　✗まちがった証明

△AODと△BOCにおいて
仮定から　　OA＝OB ……①
　　　　　　OD＝OC ……②
　　　　　　AD＝BC ……③
①，②，③より，3組の辺がそれぞれ等しいから
　　　　△AOD≡△BOC
合同な図形の対応する辺の長さは等しいから
　　　　　　AD＝BC

[正しい証明]　△AODと△BOCにおいて
　　　　仮定から　　　　　OA＝OB　　　……①
　　　　　　　　　　　　　OD＝OC　　　……②
　　　　共通な角だから　∠AOD＝∠BOC　……③
　　　　①，②，③より，2組の辺とその間の角がそれぞれ等しいから
　　　　　　　　　△AOD≡△BOC
　　　　合同な図形の対応する辺の長さは等しいから
　　　　　　　　　AD＝BC

　(2)　合同な図形の対応する角の大きさは等しいから，ⓔ

！注　④は仮定だから，新しくわかることではない。

5　陽子さんは，次の問題を考えています。

［問題］

右の図のように，△ABCの頂点B，Cから，
それぞれ辺AC，ABに垂線BD，CEを
ひきます。
このような図で，BD＝CEのとき，
△ABCは二等辺三角形であることを
証明しなさい。

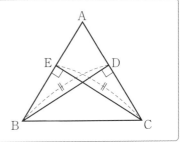

次の問いに答えなさい。

(1)　上の問題について，陽子さんは，次のような証明の方針を考えました。

［証明の方針］

◇①　△ABCが二等辺三角形であることをいうには，
　　　∠ABC＝∠ACBを示せばよい。
◇②　∠ABC＝∠ACBを示すには，△EBC≡△DCBを
　　　示せばよい。
◇③　仮定の∠BEC＝∠CDB＝90°，BD＝CEを使うと，
　　　△EBC≡△DCBが示せそうだ。

陽子さんが考えた方針にもとづいて，△ABCは二等辺三角形であることを
証明しなさい。

(2)　上の問題の図で，BD，CEの交点をMとします。
ここで，(1)の証明をふり返ると，△MBCも二等辺三角形であることがわかり
ます。(1)の証明の途中で示したことがらを使って，△MBCは二等辺三角形で
あることを証明しなさい。

▶解答　(1)　**△EBCと△DCBにおいて**

　　　仮定から　　　∠BEC＝∠CDB＝90°　　……①
　　　　　　　　　　　CE＝BD　　　　　　　……②
　　　共通な辺だから　BC＝CB　　　　　　……③
　　　①，②，③より，直角三角形の斜辺と他の1辺がそれぞれ等しいから
　　　　　　　　　　△EBC≡△DCB
　　　合同な図形の対応する角の大きさは等しいから
　　　　　　　　　　∠EBC＝∠DCB
　　　したがって　　∠ABC＝∠ACB
　　　2つの角が等しいから，△ABCは二等辺三角形である。

⑵ ⑴より，　　　　△EBC≡△DCB

　　合同な図形の対応する角の大きさは等しいから

　　　　　　　　∠ECB＝∠DBC

　したがって　∠MCB＝∠MBC

　2つの角が等しいから，△MBCは二等辺三角形である。

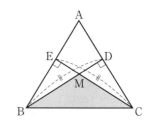

6　厚志さんと香さんは，次の問題を考えています。

［問題］

> 右の図のように，▱ABCDの頂点A，
> Cから対角線BDに垂線をひき，
> ひいた垂線と対角線BDとの交点を
> それぞれE，Fとします。
> このとき，AE＝CFであることを
> 証明しなさい。

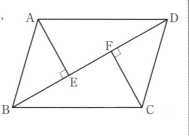

次の問いに答えなさい。

⑴　上の問題について，厚志さんは，次のような証明の方針を考えました。

［厚志さんが考えた証明の方針］

> ①　AE＝CFであることをいうには，
> 　　△ABE≡△CDFを示せばよい。
> ②　△ABEと△CDFの辺や角について，
> 　　等しいことがわかるものをさがす。
> 　　・仮定から　∠AEB＝∠CFD＝90°
> 　　・平行四辺形の性質より　AB＝CD
> ③　②を使うと，△ABE≡△CDFが示せそうだ。

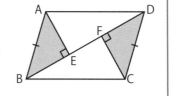

　厚志さんが考えた方針にもとづいて，AE＝CFであることを証明しなさい。

⑵　上の問題について，香さんは，次のような証明の方針を考えました。

［香さんが考えた証明の方針］

> 問題の図に▱ABCDの対角線ACをかき加え，
> 対角線の交点をOとする。
> AE＝CFであることをいうには，この図で
> △AEO≡△CFOを示せばよい。

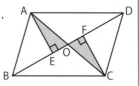

　香さんが考えた方針にもとづいて，AE＝CFであることを証明しなさい。

▶**解答**　(1)　△ABE と △CDF において

仮定から　∠AEB＝CFD＝90°　……①

四角形 ABCD は平行四辺形だから

AB＝CD　　　……②

AB∥DC

平行線の錯角は等しいから

∠ABE＝∠CDF　　　……③

①，②，③より，直角三角形の斜辺と1つの鋭角がそれぞれ等しいから

△ABE≡△CDF

合同な図形の対応する辺の長さは等しいから

AE＝CF

(2)　△AEO と △CFO において

仮定から　∠AEO＝∠CFO＝90°　……①

四角形 ABCD は平行四辺形だから

AO＝CO　　　……②

対頂角は等しいから

∠AOE＝∠COF　　　……③

①，②，③より，直角三角形の斜辺と1つの鋭角がそれぞれ等しいから

△AEO≡△CFO

合同な図形の対応する辺の長さは等しいから

AE＝CF